100

RECIPES FROM

MY HEART

你家就是
米其林

菲比　著

88 道销魂料理 × 12 道巴黎餐酒馆经典佳肴

满足你每日餐桌的优雅日常

团结出版社

图书在版编目（C I P）数据

你家就是米其林：100 道轻奢料理 / 菲比著 .
北京：团结出版社，2025. 1. —ISBN 978-7-5234
-1081-3

Ⅰ. TS972.12

中国国家版本馆 CIP 数据核字第 2024LT8635 号

策　　划：赵晓丽
责任编辑：刘宝静
封面设计：谭　浩

出　　版：团结出版社
（北京市东城区东皇城根南街 84 号　邮编：100006）
电　　话：（010）65228880 65244790（出版社）
（010）65238766 85113874 65133603（发行部）
（010）65133603（邮购）
网　　址：http://www.tjpress.com
电子邮箱：zb65244790@vip.163.com
经　　销：全国新华书店
印　　装：北京启航东方印刷有限公司

开　　本：170mm × 240mm　16 开
印　　张：15.75　　字　　数：166 千字
版　　次：2025 年 1 月 第 1 版　　印　　次：2025 年 1 月 第 1 次印刷

书　　号：978-7-5234-1081-3
定　　价：108.00 元

菲比临摹约翰内斯·维米尔作品《戴珍珠耳环的少女》 于法国巴黎

菲比创作《我的厨房瞬间》于德国慕尼黑

菲比绘《国王派》于德国柏林

…… 推荐序 ……

看完这本书，谁还不是米其林大厨呢！

曾有幸跟随来自不同国家的顶级大厨们学习料理，体验了各式各样的烹饪之旅。

在法国里昂，厨神 Paul Bocuse 亲自带我走进他的后厨，分享了他对美食的热爱与执着。

北京半岛酒店的行政总厨 Weimar，教会我如何完美制作法国蓝龙虾海鲜汤。

德国的双胞胎米其林兄弟 Thomas 和 Mathias，与我分享了他们祖母珍藏的家传秘方，传递出家庭美味的独特风味。

在巴黎，米其林三星大厨 Yannick Alléno 教我如何制作精致的法式甜点。

到了意大利巴里，和那对年过百岁的母女一起，我学做了传统的蝴蝶面。

而在里米尼的海边，白松露的香气与家常意面的朴实交织，成为辨识度最高的美食记忆……

这些美好的时刻，满满都是关于欧洲的美食记忆。

所以，当我一听说菲比的新书要上市了，就迫不及待地想推荐给我的朋友，和所有美食爱好者！

这是一本和欧洲息息相关的美食书！

藉由一百道化繁为简的法餐食谱，带着吃货们品味欧洲。

菲比不光是法国黑松露骑士勋章的获得者，还创办了 Phoebe’s Kocchaus 和路易十四欧法料理餐厅，甚至负责驻德外交使节的高级餐宴！

她还是知名专栏作家，更是 Phoebe’s 的品牌创办者。

若你不认识她，光听这些头衔，你可能会以为她是个“女强人”。

但了解她的朋友知道，她是个内心充满爱、对美食有着无比热情的小女人。

美食，是她心中最好的爱与温暖的表达方式。

我相信若你看了她的文字，心中也会充满爱。

作为她即将上市的新书《你家就是米其林》的第一位读者，我边看边流着口水。

红酒蜜渍洋葱与肥肝佐芒果酱，

勃艮第烤田螺，

甜梨石榴奶酪沙拉

……

每一道菜都能勾起我对欧洲浪漫的美食回忆。

垂涎欲滴的同时，居然还能跟随菲比的步骤像模像样地制作出来。

我笑着对菲比说："看完你这本书，谁还不是个米其林大厨呢！"

而我，好好品尝菲比手把手教你们做出来的美味，就是最幸福的事了！

从我的旅行书《享乐欧洲》出版至今，我一直在致力提倡一种精致而从容的生活方式。

从悠闲的咖啡时光到轻松的晚餐聚会，享乐欧洲不仅是视觉、听觉和味觉的体验，更是一种生活态度，鼓励人们慢下来，享受当下的每一刻。

我推荐的旅行方式绝对不推荐读者去世界各地的景点打卡，而是倡导行走在路上的人，多为每一趟旅行留下独特的 experience 回忆。

当我认识了菲比后，便在 experience 的清单上多了一笔：

去每个城市寻找一道最爱的美食，叫菲比教我做出来的！

从欧洲精致的上流美味到地道家常菜，菲比笔下的欧洲美食，代表了不同区域的独特风味。

一道道传承下来的经典美味，满足我们的不仅仅是果腹之欲，更是将古希腊的哲学到文艺复兴的艺术，将普罗旺斯的薰衣草田到地中海的阳光沙滩，都吃进了肚中。

每一口，皆带着我们的灵魂来一趟刺激万分的远行。

通过菲比的书，我们不仅是在厨房里做菜，而是在每一道菜里感受欧洲的风情与历史。

这不仅是美味的探索，更是一次让灵魂和味蕾共同远行的旅程。

真正让我们懂得如何"生活在异国"。

也让我们学会如何在当下享受这份舌尖上的诱惑。

神威

2024-10-3

…… 自序 ……

遇见美好，在北京
——凡事都有最好的安排

我的书将在大陆市场上市了，这是从未想过的事。

两年前当我与团结出版社的副社长晓丽踏进张总的办公室起，人生进入了另一个精彩的阶段。

原计划两个小时的会议，硬是被我们三个女人搅和了四个钟头，与从未谋面的陌生人天南地北、穿越东西地聊着我们各自熟悉又不清晰的世界，互相交换彼此，会心领略，愉悦不已。一个月后我收到了通知，一个从没想过的际遇从此展开，就如当年只身启航法国学艺一般地，对未知的世界充满好奇、兴奋与挑战，更因此改变了我的人生。

现在，大陆的朋友们跟着菲比一起走进巴黎人的世界里，学习如何生活、如何享受当下吧，这是团结出版社编辑团队和我冒险又不易取得的机会，十分珍贵！

《你家就是米其林》是当年的我发起“在家做饭”的新饮食概念，考虑严重的外食食安问题，以及衍生出来的家庭关系等疑虑，但愿重建家人关系与健康饮食等创始初衷，得到了社会大众的热烈回响，是为美谈。

本书以“两人份”的西方食谱创作为经纶，以法国菜，尤以深入人心，认识巴黎的餐酒馆文化为轴心，希望借此打破枯燥又千篇一律的饮食视野，丰富日常。经过出版社高手们的巧思汇整，重新赋予它新意向，并在一连串的反复讨论中，我们找到了全新的共鸣点。它，为菲比量身定做；它，从菲比的起点开始论述，并绽放新的火花；这让我除了感谢外，并再次肯定一直以来的坚持与坚守——“专业”之于人的重要性与珍贵性。

因为这些感动，坐在键盘前敲着一字一句的我，感到无比的兴奋与激励。

自从定出了《你家就是米其林》的策略后，立刻有感的我，再一次陷入与巴黎的熟悉对话里。旅行巴黎的次数已不可考，“巴黎”是我学艺生涯中的不能承受之重。因为它，开始了我生命中除了母系料理之外的另一专业世界；因为它，让我把法国料理的基础扎根、扎深，并散发无限的生命力；因为它，让我打开了世界各民族料理的视野和接触，也让我有了全新的世界观，也更加肯定与开心当年的选择。

本书以隐身在巴黎巷弄里的餐酒馆们为引，窥看整个巴黎的历史演进和人文世界，再借由一百道发自内心的食谱，倾吐我对法国料理的衷情，歌咏它的美丽和无与伦比。爱上它，琳琅满目与高雅缤纷，满足我无可救药的完美强迫症；爱上它，细致又繁复的烹调做工，满足我喜欢自虐及追求美好的灵魂；爱上它，因着对餐桌摆设的讲究和那华丽的隆重感，报偿并尊重每个跟我一样，窝在厨房里挥汗下厨的厨师们；爱上它，因着把餐酒、奶酪等一并入餐的千变万化，把享受美食当成一门高深的学问来研究。这些正是让法国料理放眼世界难得敌手的原因，深刻并巨大的影响着整个世界，牵动并进化着各民族的料理进程。

另外，深受我的父母以爱与美食持家的家庭教育，让我从小就明白“爱的料理”对一个家庭的重要性，我期待这本书进而影响社会和每个家庭对于“吃饭”这件事的重视。

制作这些食谱时，我花了无数昼夜的斟酌与考虑，希望透过文字和大量的精美画面，让大家体会食物给予人的强大感染力与生命力，希望大家愿意接近它，甚至下厨尝试它。食物真的不只是食物，它，不只是填饱口腹，甚至心灵；它，代表了品味和享受生命的美好；更蕴含着深度的美学风景，更是爱与被爱间灵魂们互动的联系。

品味（Taste）的定义，理当集合五感，其中首当其冲的就是味觉的刺激，激荡脑门对眼前之物的感动，大玩食材们的加减乘除，如游戏般的体验它。之于视觉，哪怕仅是盘边的小小点缀、一把花束、瓷器、锅碗瓢盆与装饰物等，都是成就它的重要投资，所以这本书是集味觉与视觉的最佳烹饪教科书与美学瑰宝。

除了有形的付出，这本书煞尽了我的脑细胞和睡眠，再三挑剔、反复思考着这些与魔鬼缠绕的细节，让每一帧画面都赏心悦目，让我有入画的冲动。这本书着实超越了我对一般料理书的想象与期待。

但愿我所分享的料理观念，和这一百道食谱能带给人们愿意下厨尝试制作的可能性，更希望能对同业料理人（尤其是年轻的厨师们）有所助益和知识上的增长。毕竟法国料理的地位和崇高性至今仍是我们料理人奉为圭臬的典范，学习法国料理可以作为学习任一料理的最基础根基，有了对法国料理的基础认识，相信更易于习得其他料理的精髓，更有助于创作的灵感和更美好的餐盘呈现。

《你家就是米其林》不只是一般的食谱书——

尽管书里有着一百道经典料理和我的精心创作，亦涵盖了无数料理的精神、知识与巴黎之美。

《你家就是米其林》也不是一般的美食指南——

尽管菲比邀请了一些巴黎同业好友们的餐厅共襄盛举，更重要的是看见现在法国餐酒馆的改变，了解他们如何成为一个新的饮食时尚代表。

《你家就是米其林》更不是一本类美食的摄影集——

尽管全书出动了三位摄影师（包括我自己）。

《你家就是米其林》是一本无须畏惧烹饪能力，可以轻松驾驭，让家里成为米其林餐桌的唯一宝典。

在此感谢团结出版社团队对这本书的肯定与支持，尤须再次感谢我亲爱的总编张阳女士、副社长赵晓丽女士、发行总监刘晶女士、责编宝宝、营销 Jolly……（完全的娘子军阵容），与所有付出实际行动协助我完成此书的好朋友们：我的贵人 David Peng，没有你的推荐就没有这次的机会，Clément 与 Sloan 少了您们，本书将难以完成、难以如此的美好，摄影师 Yurina（日籍巴黎人）和 Julia（柏林人）、Jeannie、Mina、chef Nino、chef

Thibaut 与 Bon Marché 的 LA TABLE 餐厅，以及刚晋升米其林的好朋友 chef Romain and Ayumi、Anne，感谢您们的慷慨协助，让它如此顺利圆满。

最后要感谢我重要的家人们，我的先生 Matthias，一直以来是我最重要的精神支柱与后盾，不断地给予我建议和鼓励，始终支持着我做我想做的事，追求所有想追的梦。也要感谢我家的小小米其林探员儿子 Sebastain，总会对妈妈的料理有最精准的评价与批评，他的品味能力让我们咋舌称许（真的没有白费用美食喂养了他 15 年）。更要感谢他们忍受数个月以来家如摄影棚、工地的乱象，并为这一百道料理严格把关。

学习法国料理，改变并开展了我精彩的人生之旅，一路二十多年，它不只成就了我的专业，改变了我半生的生活，更让我的生命充满了更多的挑战与新奇美好。如今，我将延续初见团结出版社的美好，祈愿这本书走入每个家庭，让书中的料理成为凝聚家人们、友人们的媒介，借此提升生活的质量与更多围绕于此的乐趣与情趣，《你家就是米其林》当之无愧呢！

凡事都有最好的安排，期待你在书店与我的相遇。

去年，有幸与柏林的米其林之星Chef Andreas一起探访了德国第一位森林采集猎人Schnell先生的乡居。他花了大半天的时间教我们认识了许多罕见的野生植物与香草，虽然那天下着大雪又长路迢迢，但我们的心里温暖又感动，而且收获满满。我画下Schnell先生家的厨房一隅，也同时记录了那美好的一天！

CHAPTER

1 开胃菜

CHAPTER

2
沙拉

CHAPTER

3

汤品

CHAPTER

4

面食 & 炖饭

CHAPTER

5

主菜

CHAPTER

6

甜点

做好
欧陆料理第一步：
跟着菲比
做高汤

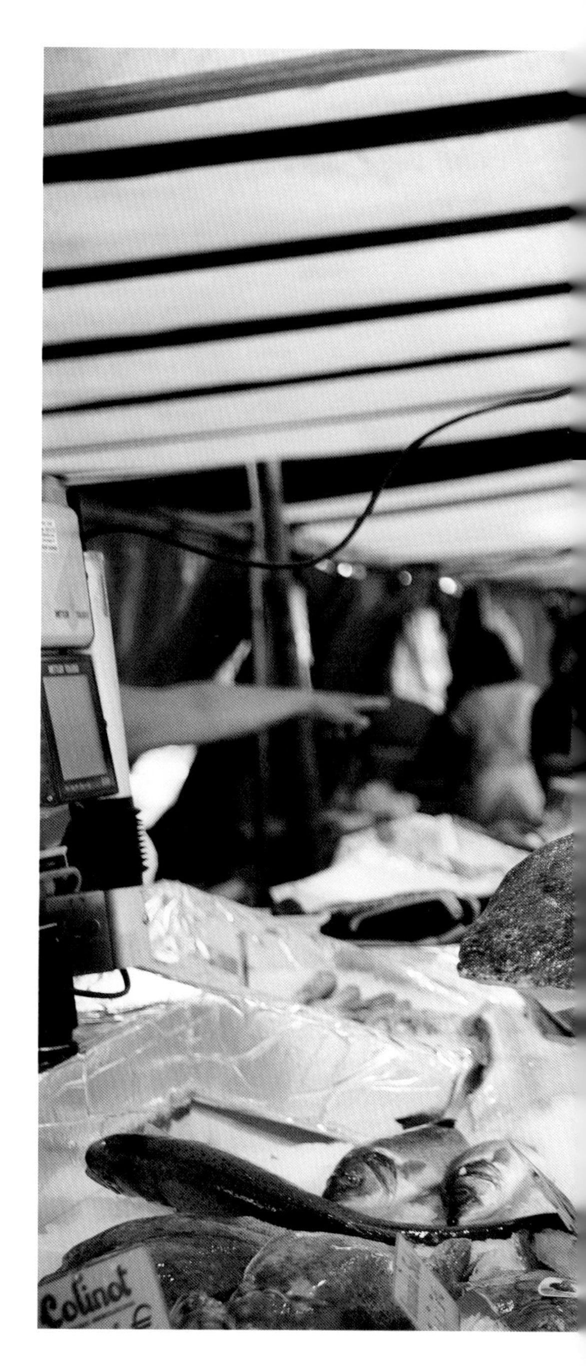

学习欧式料理的第一步就是制作高汤，虽然有点烦琐，所谓厨师的汤、唱戏的腔，一锅好高汤能让料理呈现非凡的风味，千万别漠视它的存在。

高汤的用途广泛，主要运用在制作汤品（Soup）、酱汁（Sauce）和炖煮食物（Stew）的基底，大致可分为禽类、肉类、鱼类与蔬菜类等。这里介绍几款本书所使用的高汤，建议你可以利用闲暇或琐碎的时间预先制作，然后分装放入冰箱冷藏或冷冻保存，方便随时取用。

若实在抽不出时间，也可以直接使用市售高汤粉或汤块。但最好不要省略高汤，那可是会影响风味喔！使用市售高汤粉或汤块的时候，“不要”参照使用说明上的分量，因为市售高汤商品的盐分含量通常较高，若按商品说明使用，再加上食谱标示的调味料用量，就会导致过咸，所以最好是依照个人喜好的浓淡程度与适量的水调和，然后再“浓缩”到喜欢的浓度即可。

鸡高汤

Chicken stock

材料

鸡骨与鸡骨架（Chicken bones and carcass）约 350g
洋葱（切成大块）80g
丁香（Clove）3 粒
月桂叶（Bay leaves）2 片
香料束（Bouquet garni）1 束
胡椒粒（Peppercorns）10 粒
水 800ml

做法

1 将鸡骨与鸡骨架汆烫后取出洗净。
2 将 1 与其他食材一起放进锅，加水煮至沸腾，再熬煮 2 ~ 3 小时（期间需不时捞除浮渣）。
3 过滤汤汁放凉后即可放进冰箱冷藏，最久可保存 3 天。

制作西式高汤时经常会用到香料束，能增添汤头的风味和香气，其内容物没有制式限定，多半为西洋芹、青蒜、欧芹梗、胡萝卜、洋葱、月桂叶、丁香、胡椒粒等，以棉绳将材料直接捆绑好。也可以用纱布包裹起来，总之目的是避免食材四散，方便捞取。

鱼高汤

Fish stock

材料

鱼骨和鱼边肉（切块，用少许的盐腌 10 分钟）350g
洋葱（切成大块）80g
不甜的白酒（可省略）100ml
胡椒粒 10 粒
丁香 3 粒
月桂叶 2 片
柠檬（汁）半颗
水 800ml

做法

1 将食材放进锅中加热到沸腾，转小火熬煮 30 分钟（需不时捞除浮渣）。
2 过滤汤汁放凉后即可放进冰箱冷藏，最久可保存 3 天。

熬煮鱼高汤时有三点要特别注意：

1. 建议使用味道较温和、不腥的白肉鱼或新鲜的鲑鱼骨，避免味道腥重的油鱼等，而且务必新鲜。
2. 只需小火慢煮即可，时间不宜太久，否则味道会变涩变腥。
3. 需先去除鱼眼、鳃和肠，并用冷盐水浸泡 10 分钟，去除腥臭味。

褐色高汤 Brown stock

材料

牛肉和小牛骨 500g	香料束 1 束
洋葱（切成大块）80g	胡椒粒 10 粒
丁香 3 粒	番茄糊 2 大匙
月桂叶 2 片	水 800ml

做法

1 将牛肉和小牛骨用烤箱以 230℃烤 20 分钟，再放入洋葱和香料束一起烤 20 分钟，期间需加入 150ml 的水，用以稀释盘底的肉汁。

2 把 1 移到汤锅，再把其他食材全部加入，以小火熬煮 3 ~ 4 小时（需不时捞除浮渣）。

3 过滤汤汁放凉后即可放进冰箱冷藏，最久可保存 3 天。

熬制这款高汤时，将肉和骨烤过能使汤汁呈现美丽的焦褐色，味道也会更加浓郁馨香，而且还能达到溶解多余油脂的目的。

● Tips 1 如何过滤汤汁?

将细目过滤网架在一个大盆上，把汤汁舀入，再用大汤勺按压食材，就能彻底萃取汤汁的精华。

● Tips 2 如何去除汤汁的油脂?

除了在熬煮过程中不时捞除汤面的油脂残渣外，最好的方法是等汤冷却后，用一张保鲜膜均匀覆盖在汤的表面，然后放入冰箱冷藏，隔日就会看见一层厚厚的白色油脂附着在保鲜膜上，然后把保鲜膜扔掉，就能轻易去除油脂了。

CHAPTER

1

开胃菜

开胃菜总是有无限的创意和选择，
也许是沙拉、汤、焗烤点心或生食，
是评鉴一间餐厅好坏及用心与否的一大指标。

夏季松露美乃滋水煮蛋
Egg Mayonnaise, summer truffle
餐厅……LA TABLE 主厨……Cédric Erimeé

CITRUS MEDICA CHEESE PLATE

枸橼双奶酪冷盘

烹饪器具

料理机或刨片器

材料

枸橼（Citrus medica，横切薄片）半颗

水牛马苏里拉乳酪（Mozzarella cheese）30g

帕玛森干酪（Parmesan cheese）10g

松子（Pine nut）12g

淋汁

- 黄柠檬（汁）半颗
- 橄榄油 半大匙
- 柠檬油 2 大匙
- 香料海盐 适量
- 胡椒 适量

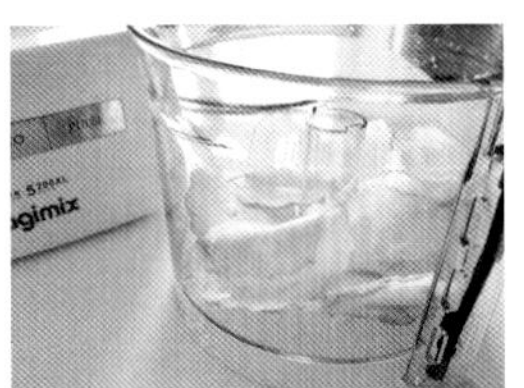

做法

1 将枸橼放入切片料理机里横切成薄片，再铺排于盘中。

2 将〔淋汁〕的材料混合均匀，浇淋在 1 上。

3 把水牛马苏里拉乳酪撕成块状，放在枸橼上。

4 刨上帕玛森干酪，再撒上松子装饰即可。

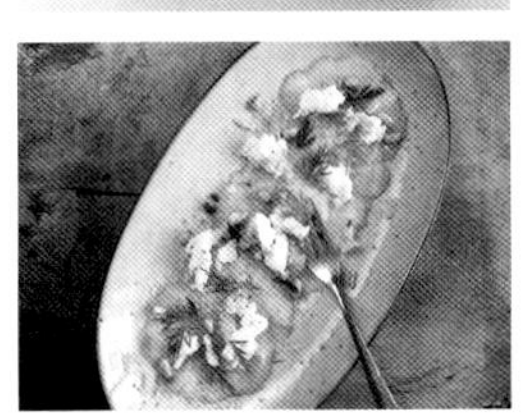

每到初春，各式柑橘类果实随处可见，我喜欢把它们广泛运用在料理、甜点及饮料之中，增加迷人清新的气息。外观与黄柠檬相似的枸橼来自法国科西嘉岛，有着皱皱的外皮和雪松般的淡雅木质香气，切成薄片后的口感软嫩，带点淡淡的柠檬香，浇淋上黄柠檬酱汁、配上乳酪当成前菜或沙拉，特别清爽开胃，是道独特又有活力的春天美馔。枸橼在中国较罕见，可以不酸的黄柠檬或柳橙替代（黄柠檬的效果会比柳橙适合些）。

SHRIMP, LIME AND CUCUMBER DIP

黄柠檬小黄瓜生虾小点

烹饪器具

料理机

材料

A
- 可生食等级鲜虾（将肉取出后略切）100g
- 小黄瓜（带皮切丁）50g
- 黄柠檬（皮末）半颗

柠檬油 2 大匙

盐之花 适量

胡椒 适量

做法

1 将〔A〕全切碎或放入料理机打碎（别打太碎，略留些口感更佳）。

2 加入柠檬油、盐之花与胡椒调味。

3 放在乳酪饼或烤吐司上食用。

这道黄柠檬小黄瓜生虾小点真的太好吃了！鲜虾的滋味本就无敌，调入我最喜欢的柠檬油，再加上鲜脆爽口的小黄瓜与黄柠檬，够味又协调，是道高雅华丽的菜品，绝对宾主尽欢！

WINE, ONION AND MANGO SAUCE FOIE GRAS

红酒蜜渍洋葱与肥肝佐芒果酱

烹饪器具

平底锅 1 支、酱汁锅 1 支、料理机

材料

柠檬油 2 大匙

A
- 红洋葱（最好中型、剖半）1 颗
- 红酒 70ml
- 水 20ml
- 糖 50g
- 八角（Anise）5 粒
- 丁香 5 粒

新鲜芒果或新鲜芒果泥 50g

黄柠檬或柠檬（汁）1/3 颗

橄榄油 1 大匙

盐之花 适量

胡椒 适量

做法

1 在平底锅中加入半大匙的橄榄油，用中小火将洋葱略煎至焦黄。

2 将洋葱放入小锅与〔 A 〕的其余材料蜜渍煮到软（以小火加盖烹煮，软烂后再开盖，以小火收汁），加入盐和胡椒调味。

3 将芒果放入料理机打成泥，再加入糖和黄柠檬汁煮成果酱。

4 在平底锅中加热，将肥肝两面煎至焦黄，起锅前再撒上盐之花和胡椒。

5 盛盘，并加以装饰。

鲜芒酱汁与肥肝真是绝配，搭配甜糯的红酒蜜渍洋葱更是对了肥肝的味。若想做出这道料理的好滋味，一定要掌握炖洋葱和煎鹅肝的要诀，这两项可是这道菜的功夫与精华所在。请先将洋葱煎上色，再加盖小火慢炖（防止洋葱因水分丧失而过干），然后开盖略微收汁（以上步骤都以小火处理）。切记，煎鹅肝的锅一定要够热，上色后再翻面，若以铁氟龙锅煎鹅肝可能更容易些。

BAKED POTATO WITH FOIE GRAS AND PRUNES

焗烤蜜枣肥肝马铃薯盅

烹饪器具

烤箱、酱汁锅 1 支、平底锅 1 支、烤盅、料理机

材料

鲜肥肝 2 片
红葱头（切碎）1 颗
加州蜜枣（切小块）3 颗（另可备 2 颗切块装饰用）
鸡高汤 100ml
洋葱（切丝）110g
青蒜（切丝）50g
马铃薯（放入电锅，用半杯水先蒸熟再切片）150g
无盐黄油 10g
橄榄油 1.5 大匙
香料海盐 适量
胡椒 适量
长胡椒 适量

做法

1 烤盘内放入 500ml 的水，以 180℃预热 10 分钟（预热烤箱时，上、下火均开，采中架位）。
2 将鸭肝正、反两面都用盐和胡椒腌 10 分钟。
3 取一酱汁锅，放入半大匙的油加热，把红葱头、蜜枣用小火炒香，加入鸡高汤煮滚后转小火浓缩 3 分钟，再加入盐和胡椒调味，然后打碎备用。
4 在平底锅中加入 1 大匙橄榄油和无盐黄油加热，将洋葱和青蒜丝以中火炒至焦黄，再加入盐和胡椒调味。
5 将 4 铺在烤盅里，再排上马铃薯片。
6 放上肥肝，淋上酱汁后放入烤箱，约蒸烤 20 分钟。
7 取出后放上蜜枣块，并现磨上些许粗粒长胡椒即可。

肥肝的吃法似乎脱离不了干煎或做成肝酱，今天菲比就来教大家做个不一样的肥肝料理。利用蒸烤的方式保留肥肝的鲜嫩，佐以各种烤得软烂的鲜蔬，以自然鲜甜来烘托肝的肥美，最后撒上带劲的长胡椒，其尾韵蕴藏独特花香与肉桂香气，不仅解了油脂的腻，也为这道料理注入了热情的新气息。

SMOKED MACKEREL, CHIVES, CREAM CHEESE DIP

烟熏鲭鱼细香葱奶酪酱

烹饪器具

料理机

材料

A
- 烟熏鲭鱼（或熏鳕鱼）60g
- 奶油奶酪（Cream cheese）100g
- 烹调用淡奶油（可用此调整浓稠度，亦可省略）1 大匙

黄柠檬或柠檬（汁）半颗

细香葱（切碎）3 支

香料海盐 适量

胡椒 适量

做法

1 将烟熏鲭鱼的肉取下，略切备用。

2 将〔A〕放入料理机打碎。

3 加入黄柠檬汁、细香葱、香料海盐与胡椒调味。

4 可佐以核桃乡村面包或法国长棍食用。

在欧洲，尤其是北欧，烟熏鱼鲜非常普遍，新鲜现熏者可以料理成主菜，也可以直接当开胃冷食。这回菲比把它做成抹酱，加点柠檬来解腻，并增加层次感，是道简单又大获好评的开胃佳品。

DEEP FRIED ZUCCHINI BLOSSOMS

酥炸奶酪节瓜花

烹饪器具

料理机、油炸锅 1 支、牙签

材料

节瓜花 约 8 朵

全蛋 1 颗

面糊：
- 面粉 80g
- 啤酒或水 100ml

内馅：
- 帕玛森干酪（刨成粉状）30g
- 薄荷叶（Mint，切碎）12 片
- 瑞可塔奶酪（Ricotta cheese）200g
- 蒜头 2 瓣
- 小菠菜（切碎）30g
- 欧式香肠（亦可省略）1 条

香料海盐 适量

胡椒 适量

做法

1 准备一支油炸锅，热油备用。

2 将节瓜花的内蕊摘掉，叶片撕开一边（方便填馅），稍加清洗后擦干备用。

3 制作〔面糊〕：先将蛋打散，依序放入面粉等其他面糊材料，用打蛋器搅拌均匀。

4 制作〔内馅〕：所有内馅材料用料理机均匀打碎，并以香料海盐和胡椒调味。

5 将内馅填入花苞内（开口处用牙签封住）。

6 裹上面糊，下油锅炸至焦黄（这款面糊不怕炸焦，但炸至焦黄需要多一点时间，请用中大火油炸且不时翻面，直到均匀上色）。

欧洲一年四季都见得到节瓜的踪影，是常见的家庭食材。我格外喜欢黄节瓜，它的口感较绿节瓜脆而甜，切成长片直接烙烤，口感胜过清炒或炖菜，而节瓜花更是深受我们的喜爱，节瓜花开在清晨太阳出来前的微凉气温下，农人们总在开花时抢摘，然后放入保鲜盒里保存。

节瓜可分雌雄，内蕊接着小节瓜的是雌瓜，价钱较高。节瓜花通常以酥炸为多，而加入啤酒调出来的面糊特别酥脆，但我今天尝试只以水调，仍然脆口，唯酥脆感维持时间较短些（但3分钟就被扫光，哪需在乎那么多！）。

AVOCADO CREAM CHEESE DIP

酪梨奶酪酱

烹饪器具

料理机

材料

A
- 酪梨（去核，将果肉取出后略切）1 颗
- 红洋葱（切丁）20g
- 奶油奶酪（Cream Cheese）175g
- 干辣椒（切碎）1 小匙
- 薄荷叶（切碎）7 片

黄柠檬（榨汁）半颗

香料海盐 适量

胡椒 适量

做法

1 将〔A〕全切碎或放入料理机里打碎。

2 加入黄柠檬汁、香料海盐与胡椒调味。

3 可佐配意式脆面包条（Grissini）、玉米脆片或法国长棍食用。

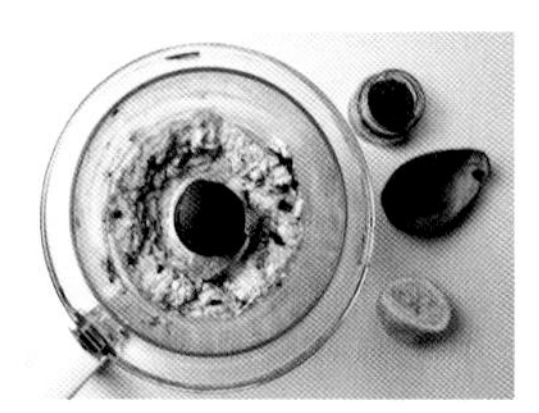

多收藏一些派对点心食谱绝对是必要的，但什么样的食谱值得收藏呢？建议你可以掌握两项要点：一是食材随手可得，二是美味且具新意。当你需要的时候，信手拈来就能变出美味，是不是又神又帅气呢？这款开胃小点采用营养又高贵的酪梨，除了混入奶香和鲜柠的芬芳外，还以薄荷来画龙点睛，包准一口接一口（拍完照后，我家的大、小男人围着餐桌专注秒杀，而大厨只有两根的配给，就知道它有多好吃了）。

MUSHROOMS FILLED WITH SEMI-DRY TOMATOES IN OIL AND PARMESAN CHEESE

烤填馅大蘑菇

烹饪器具

烤箱、烤盅各 1 个

材料

大蘑菇（切掉蒂头，切碎）6 个
西芹（西芹削皮后切小丁）半支
红葱头（切碎）1 瓣
蒜头（切碎）1 瓣
油渍风干西红柿（Semi-dry tomatoes in oil，切碎）50g
核桃（剥碎）30g
欧芹（Parsley，切碎）25g
帕玛森干酪（磨碎）15g
橄榄油 2 大匙
盐 适量
胡椒 适量

做法

1 烤箱以 200℃预热 10 分钟。
2 将所有材料切碎混合后，加入橄榄油拌匀，再拌入核桃碎（亦可用料理机全部打碎，但须采“间断式”打碎法，避免过烂）。
3 将 2 的混合料填入大蘑菇中，撒上帕玛森干酪后放入烤箱烤至焦黄上色即可（约需 5 分钟）。

中国拥有庞大的吃菇一族，蕈菇料理之所以受到大家喜爱，主要是因为它具有百搭不败的特质。填入多种不同风味蔬菜与香料的大蘑菇，出炉后香气四溢，鲜甜多汁，融化的帕玛森干酪咸香浓郁，气味诱人。这道便于制作的轻食开胃菜，是你忙碌生活中的最佳选择，把蘑菇送进烤箱后，接着做道意大利面，丰富你的一餐。

CRÊPES WITH HONEY, GOAT CHEESE AND WALNUTS

蜂蜜羊奶酪火焰薄饼

烹饪器具

烤箱

材料

酥皮 1 张

羊奶酪（Goat cheese，切片）120g

蜂蜜 40ml

核桃（剥碎）20g

青葡萄（剖半）60g

盐 适量

胡椒 适量

做法

1 以 200℃预热烤箱至少 10 分钟。

2 将烤盘纸铺在烤盘里，依序放上酥皮、羊奶酪、青葡萄、核桃，淋上一半的蜂蜜，并撒上适量的盐和胡椒调味。

3 放入烤箱烤 20 分钟左右至焦黄上色，取出后再将另一半的蜂蜜淋上即可，趁热食用。

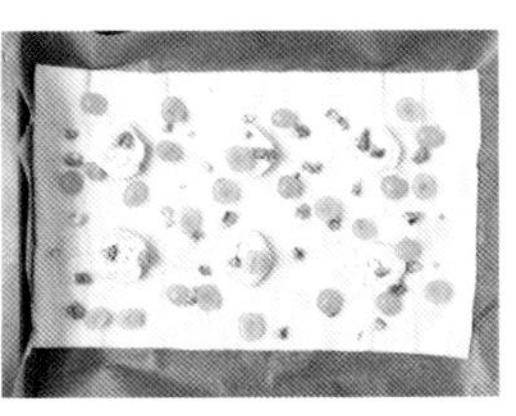

随着温度升高，浓郁绵密的羊奶酪在充满奶油香酥的千层酥皮上慢慢化开，伴着核果、青葡萄与蜂蜜堆叠出的丰富甜美香气，在炎炎夏日胃口不好的时候，是道令人愉快又开胃的简单轻食，可随时满足口腹之欲，唤醒味蕾！相信我，你会喜欢！

ASPARAGUS, POACHED EGG AND SPINACH WITH HOLLANDAISE SAUCE

菠菜水波蛋佐荷兰酱与绿芦笋

烹饪器具

平底锅 1 支、汤锅 1 支

材料

绿芦笋（削皮后取用前 2/3 段）4 支
蒜头（切碎）1 瓣
菠菜（切段）80g
蛋 2 颗
盐 1 小匙
白醋 1 小匙
荷兰酱（市售）1 盒
法国长棍（切片）2 片
无盐黄油 10g
橄榄油 半大匙
核桃油 适量
肉豆蔻粉（Nutmeg）适量
盐之花 适量
胡椒 适量

做法

1 在平底锅中放入奶油和橄榄油加热，转中火炒香蒜头，再加入菠菜拌炒，然后加入 2 大匙的水，最后加盐和胡椒调味。

2 在汤锅中注入半锅水，加入 1 小匙盐煮滚，放入绿芦笋，以小火煮约 2 分钟，取出冲冷水后沥干水分。

3 同锅加入 1 小匙的白醋，打入蛋包，煮约 2 分钟成水波蛋，取出沥干水分备用。

4 在面包上依序放上菠菜、水波蛋，淋上荷兰酱、核桃油，再撒上肉豆蔻、盐和胡椒调味，与绿芦笋一同食用即可。

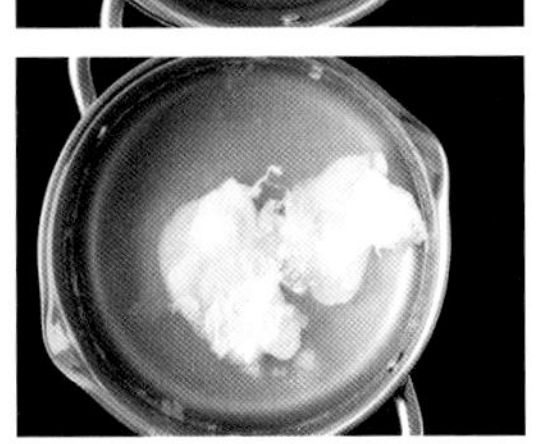

咬一口春天的气息吧！顺应时节冒出土的鲜嫩绿芦笋与菠菜，搭配白嫩中透着金黄的水波蛋与香浓荷兰酱，不只营养满分，一上桌就让人食指大动。可是……要做出漂亮的水波蛋似乎有点难？其实只要在水中加点醋，一步一步慢慢来，就能轻松上手。

TORTILLA WRAP WITH MINT AND AVOCADO SAUCE

玉米香菜煎饼佐薄荷酪梨酱

烹饪器具

烤箱、料理机

材料

A
- 玉米粒 160g
- 青葱（切小丁）15g
- 香菜（切小丁）10g（预留 2 支做装饰用）
- 蛋（打散）1 颗
- 中筋面粉 65g
- 泡打粉 8g
- 橄榄油 2 大匙
- 盐 适量
- 胡椒 适量

薄荷酪梨酱
- 酪梨（去核切块）75g
- 薄荷（切碎）10g
- 香菜（切碎）10g
- 黄柠檬（汁）半颗
- 小洋葱（切碎）55g
- 塔巴斯科辣椒酱（Tabasco sauce）2 小匙
- 橄榄油 1 大匙
- 盐 适量
- 胡椒 适量

做法

1 烤箱以 150℃预热至少 10 分钟，铺上烤盘纸备用。
2 将〔A〕混合均匀，静置 10 分钟后做成圆饼状。
3 将〔薄荷酪梨酱〕的材料混合（亦可放入料理机打碎），加入适量的盐和胡椒调味。
4 将 2 放入烤箱，以 150℃烤约 10 分钟，再以 200℃烤 5 分钟至焦黄色。
5 取出后略微放凉，佐以薄荷酪梨酱食用。

最伟大的料理来自大自然，每种食材皆有其个性和风味。香菜、青葱等是家庭常用辛香料，不只能提味，还能成就一道餐桌上的美味料理，让人眼睛一亮、为之振奋呢！佐搭的薄荷酪梨酱不但营养健康，滋味更是令人清爽愉悦，每一口都是来自大自然的献礼。

BOURGOGNE SNAILS

勃艮第烤田螺

烹饪器具

烤箱、平底锅 1 支、田螺烤盅 1 ~ 2 个、料理机

材料

田螺（Snails） 70g

橄榄油 1 大匙

红葱头（切碎） 1 个

白酒 40ml

盐 适量

胡椒 适量

蒜香奶油酱

- 有盐黄油（室温） 80g
- 红葱头（切碎） 8g
- 蒜头（切碎） 8g
- 欧芹（切碎） 16g

帕玛森干酪（切碎） 适量

法国长棍 1 条

做法

1 烤箱以 200℃预热至少 10 分钟。

2 取一平底锅，放入 1 大匙橄榄油加热，放入红葱头和田螺拌炒，再加入白酒，以中火煮约 2 分钟后加入盐和胡椒调味。

3 制作〔蒜香奶油酱〕：奶油拌入红葱头、蒜头、欧芹，并加入适量的盐和胡椒调味（亦可放入料理机打碎）。

4 将田螺放入烤盅内，填上蒜香奶油酱，再撒上帕玛森干酪，放入烤箱烤约 6 分钟至焦黄色。

5 食用时将田螺取出，佐配法国长棍。

勃艮第烤田螺是一道制作简便又面子十足的宴客前菜，烤田螺Q弹够味，蒜香奶油酱浓郁诱人，是大人、小孩都爱的经典法国料理。喔！别忘了多准备一点面包，蘸着蒜香奶油酱吃，着实令人吮指回味。一想到端出这道菜时的满室香气和大家的惊呼声，你是不是也跃跃欲试了呢？

GRATIN DAUPHINOIS

法式焗烤苹果马铃薯

烹饪器具

烤箱、烤盅、酱汁锅 1 支

材料

马铃薯（切薄片）1 颗
苹果（切薄片）半颗
蒜头（切末）2 瓣
无盐黄油 20g
牛奶 50ml
烹调用淡奶油 100ml
肉豆蔻粉 1 小匙
盐 适量
胡椒 适量

做法

1 烤箱以 200℃预热至少 10 分钟。
2 将马铃薯放入电锅中，用半杯水蒸半熟后切片。将马铃薯与苹果片放入烤盅，呈玫瑰状排列，再放上蒜末和无盐黄油。
3 将牛奶、淡奶油、肉豆蔻粉、盐和胡椒一起加热煮滚，再转小火煮 3 分钟，然后倒入 2 中，入烤箱烤约 20 分钟，使之呈焦黄状即可。

肉豆蔻籽

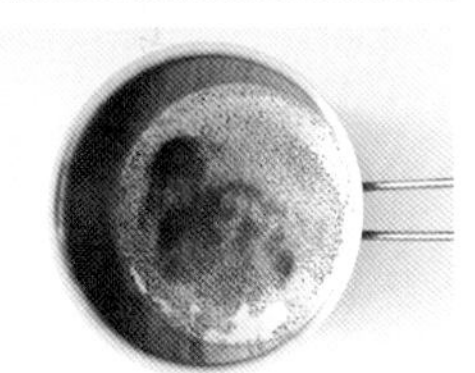

在法国家喻户晓的法式焗烤马铃薯与法国人的生活密不可分，配菜、主餐两相宜。这里加上了苹果的创意，让这道料理洋溢着浓郁的奶香、肉豆蔻的特殊风味及苹果的酸甜调和了原有的奶腻感，也让层次更为丰富！
另外要提醒大家，在制作焗烤料理时，要将烤盅置于上架位，不需要调整上、下火力（尤其是使用小烤箱的话，根本没有上、下火之分），利用调整“架位”来调整烧烤的程度，便是一个小小诀窍，学起来了吗？

TARTARE DE BOEUF

鞑靼生牛肉

烹饪器具

料理机、圆形模 1 个

材料

牛菲力 120g

A
- 洋葱（切碎） 20g
- 酸豆（切碎） 20g
- 酸黄瓜（切碎） 15g
- 细香葱或欧芹香叶（切碎） 1g
- 黄柠檬或柠檬（汁）半颗

橄榄油 1.5 大匙（视情况调整）

盐之花 适量

胡椒 适量

做法

1 将牛菲力和〔A〕剁碎，或者全部略切成块状或段状，再放入料理机里打碎（最好使用分段慢打的方式，以求均匀）。

2 拌入橄榄油，并加盐之花和胡椒调味（视个人口味增减）。

3 将肉馅填入圆形模，再放上蛋黄。

4 可搭配长棍（或乡村面包）和沙拉食用。

曾经在网络上看到网友抱怨在巴黎点的牛肉竟是生肉，不禁让我回想起我的鞑靼生肉初体验。当年初至法国学习时，曾跟着老师在里昂知名大牧场的千人餐厅里初尝其滋味，一人份约800g如山般的新鲜温体鞑靼生牛肉矗立眼前，可以想象我当时反胃的程度。

鞑靼生牛肉的原文是Tartare de boeuf，其中Tartare是指在塔塔酱中拌入剁碎的生牛肉或羊肉，与洋葱、酸豆等解腻食材混合食用，尔后Tartare成了生肉料理的代名词，所以怕吃生食的朋友要记住Tartare这个字，以免误点。

鞑靼生牛肉原本是开胃菜，但由于分量大，也常被当作主菜食用。它也是少数法国桌边料理的名菜之一，可依个人口味客制化拌料的分量。欣赏服务人员专业娴熟的调制手法，也是用餐的一大乐趣，乐于尝鲜的朋友不妨试试看。

PÂTÉ DE CAMPAGNE

家常猪肉酱

烹饪器具

小汤锅 1 支、料理机、玻璃密封罐 1 个

材料

梅花肉（切大块）100g
猪五花肉（切大块）200g
A
洋葱（切块）1/4 个
白酒 30ml
月桂香叶 2 ~ 3 片
白胡椒粒 1 小匙
红葱头（切碎）2 颗
蒜头（切碎）1 颗
择一使用
细香葱（切碎）15 支
意大利香叶（取下叶片切碎）2 株
百里香（Thyme，取下叶片）3 株
盐水渍绿胡椒粒 1 小匙
橄榄油 3 大匙（视情况调整）
粗海盐 适量
胡椒 适量

做法

1 将猪肉、〔 A 〕和些许盐以冷水烹煮，煮滚后转小火煮至软烂。
2 将肉取出沥干，与其他材料一起放入料理机中打碎（最好分段慢打，以求均匀）。
3 同时拌入橄榄油，并加粗海盐和胡椒调味。
4 可装入密封罐内冷藏 5 天（尽快食毕为佳）。
5 可搭配长棍（或乡村面包）和沙拉食用。

经典的法国乡村肉酱运用了油渍封存法，那是人类最古老的保存方法之一。这道料理有着婆婆、妈妈们的独家秘方，蕴含浓浓的爱与家的味道，做起来放冰箱，食用时搭配面包或沙拉，就是简便又美味的一餐。

巴黎餐酒馆与我

巴黎餐酒馆之于我，是大脑记忆库里的美好储存。

习艺法国之初，餐酒馆成了我习得法国料理的民间学苑。在那里，我了解何谓法国菜，也学习认识食材、学习法文、学习点餐搭配、学习餐桌礼仪、学习法国人如何生活，更堆叠了无数与法国朋友们的美好往事。餐酒馆，俨然成了我入门时的生动教科书，在此反复操练、反复学习，是我深入了解法国不可或缺的重要之所。

餐酒馆之于巴黎，是一道别致的人文风景。

餐酒馆不但是巴黎传统、人文和历史的展场，更是巴黎人的真实生活。若你以为法国料理的精髓尽在星级餐厅里的银制餐具和深宫酒窖，那就大错特错了，其实餐酒馆里多得是高手，不论是经典菜肴或创意料理，都能带领你用味蕾来认识巴黎。

餐酒馆之于巴黎，是一首浪漫香颂，也是一幅最美的图画。

在这自成一格的小世界里，迎来世界各地涌入的人们，他们各自有着自己的故事，也许是公务，也许是旅行，也

上图左为Grand Coeur的主厨Nino。
下图左为ANONA的主厨Thibaut。

许是短暂的放逐，在此时汇聚于此地，心里或多或少都在试图寻找一点点浪漫，或是等待一次美丽的邂逅，或是发现不一样的自己。在这里，总会不由自主地装扮自己，也许一个转身，在一家家或熟悉或陌生的餐酒馆里粉墨登场，找到自己或那个他，互成彼此的巴黎风景，一夜又一夜。这是只有在巴黎才会有的际遇，才会有的浪漫，也是巴黎最吸引人的地方之一。

餐酒馆之于巴黎，是一种惬意且更贴近现实生活的存在。

抛开在高级餐厅用餐的束缚，在这里可以大口吃肉、大口喝酒、高声畅谈，可以尽情放缓脚步，发呆欣赏着窗外的美景（路上的帅哥和靓女随处可见）。来到这儿，请务必抛开主流饮食的规范和钳制，将所有的规矩、细节和华丽行头全扔在门外，扔在那个无趣又常态的现实世界里，这样，你才能好好地享受巴黎。

坦白说，一般的巴黎人较少下馆子消费，因为难得为之，所以他们对餐厅的挑剔绝对超过大家的想象，从开始决定下馆子，到菜色、价钱、酒单、餐厅气氛、口碑等样样马虎不得。每回与巴黎朋友们吃饭，都得驻足在餐厅门口看菜单，而且一家挑过又一家，我早就习以为常了。在这儿悄悄告诉你，一般观光区的餐酒馆绝不是巴黎人的选择。不妨学学巴黎人好好研究门口的菜单，眼观四面，鼻嗅八方，穿梭巴黎巷弄，来场美食大探险。

总而言之，到巴黎不上餐酒馆体验一番，别说你到过巴黎！

Cœur

CHAPTER

2

沙拉

对于法国人来说，
任何信手拈来的蔬果皆可变成一盘美味沙拉，
而多吃沙拉更是现代人摄取蔬食营养最便捷的方式，
但要如何搭配出丰富的营养和美味可是一门大学问呢！

彩色西红柿沙拉佐罗勒百里香与茄子双冰沙
Colored tomatoes, basil, thyme sorbet, aubergine
餐厅……Accents 主厨……Romain Mahi & Ayumi Sugiyama

L
D

AVOCADO, BLUEBERRY AND GOAT CHEESE SALAD

酪梨蓝莓羊奶酪沙拉

烹饪器具

无

材料

酪梨（去核后挖出肉，切成块状）1 个

蓝莓 100g

羊奶酪 60g

综合生菜沙拉 80g

松子 12g

油醋汁

- 特级橄榄油 3 大匙
- 苹果醋 2 大匙
- 黑加仑果浆（Crème de Cassissée）2 大匙
- 糖 半大匙
- 盐 适量
- 胡椒 适量

做法

1 将〔油醋汁〕的材料全部混合均匀。

2 将综合生菜沙拉与蓝莓、羊奶酪盛盘，淋上油醋汁，撒上松子即可 。

酪梨的营养价值众所周知，不但有单不饱和脂肪酸，更富含维生素。加了黑加仑果浆特调的油醋汁，为沙拉增添了甜蜜的莓果香味。酪梨的油脂、蓝莓的微甜和羊奶酪的浓郁奶香，使这道沙拉不仅健康，更是美味满分！

GRAPE, TARRAGON SALAD WITH MACADAMIA

葡萄茵陈蒿夏威夷果仁油沙拉

烹饪器具

无

材料

红、绿葡萄（切半）120g

茵陈蒿（Estragon，切段）4 支

综合生菜沙拉 80g

夏威夷果仁油 3 大匙

黄柠檬或柠檬（汁）半颗

核桃（剥碎）30g

盐 适量

胡椒 适量

做法

1 将 3 大匙夏威夷果仁油、黄柠檬汁加盐和胡椒调味成为油醋汁。

2 将沙拉叶、茵陈蒿、葡萄盛盘，再淋上油醋汁、撒上核桃即可食用。

茵陈蒿尝来微苦、微甜，又含有类似茴香的微辣，气味十分特别，广受法国人喜爱，常被用在炖菜、煮汤或酱汁中，但我偏爱做成沙拉“生食”，快速引爆味蕾的新奇感，让整道料理活蹦乱跳起来。大家一定要试试看，见识茵陈蒿的独特魅力。

DUCK BREAST ROLL WITH DUCK LIVER SALAD

法国鸭胸卷肥肝沙拉

烹饪器具

平底锅 1 支、小竹签

材料

法国鸭胸（将鸭胸斜片切成数片） 1 片

法国鲜肥肝（横切条块状） 50g

综合生菜沙拉 80g

小菠菜叶 数片

松子 12g

油醋汁

- 特级橄榄油 2 大匙
- 陈年红酒醋 1.5 大匙
- 糖 1.5 大匙
- 盐 适量
- 胡椒 适量

做法

1 在鸭胸片上铺上小菠菜、放上肥肝，以盐和胡椒稍作调味后卷成圆筒状，插上竹签。

2 取一平底锅，放入少许的油加热，将鸭肉卷以中火煎至焦黄，起锅前撒入适量的盐和胡椒调味。

3 将〔油醋汁〕的材料混合，稍加搅打成浓稠状备用。

4 在沙拉叶上淋上油醋汁、撒上松子拌匀后盛盘。

5 放上鸭肉卷即可。

鸭料理在法国菜里有着举足轻重的地位，而肥肝之于法国人的重要性更是毋庸置疑（个人认为相较鹅肝，鸭肝更带劲，价格也更亲民些）。这道料理的味觉和口感自是一绝，再加上讲究的摆盘，让沙拉瞬间高贵起来！

ZUCCHINI SPAGHETTI SALAD WITH PASSION FRUIT

节瓜百香果意大利面沙拉

烹饪器具

意大利面条刨果器

材料

节瓜（刨成面条状）70g

百香果（将果肉挖出备用）1 颗

百里香（摘下叶片）4 支

葡萄干 20g

蜂蜜 1 大匙

金橘（切片去籽）5 颗

夏威夷果仁（Macadamia，切半）20g

黄柠檬或柠檬（汁）1/3 颗

夏威夷果仁油（特级橄榄油亦可）2 大匙

香料海盐 适量

胡椒 适量

做法

1 将夏威夷果仁油、黄柠檬汁、百香果肉和蜂蜜混匀，再加入香料海盐和胡椒调味成酱汁。

2 节瓜盛盘，拌入葡萄干、百里香、金橘和夏威夷果仁，再淋上酱汁即可。

这是一道大人和小孩都会喜欢，而且可以一起下厨玩乐的美味沙拉。除了风味特殊外，刨成面条状的节瓜更是新奇有趣，连口感都产生了不一样的变化，而百香果则将这道沙拉的风味提升至另一个层次，是一道适合春、夏的清爽料理。

FENNEL BULBS, GRAPEFRUIT AND DATE SALAD

茴香头葡萄柚椰枣沙拉

烹饪器具

平底锅

材料

综合生菜 80g
茴香头（Fennel bulbs，切丝）90g
葡萄柚（去皮膜，取瓣）1 个
椰枣（Date，去核，切角状）6 个
爱曼塔干酪（Emmental cheese，切丁）60g
松子 20g
巴萨米克白酒醋（White balsamic vinegar）1 大匙
特级橄榄油 4 大匙
糖 半大匙
蜂蜜 2 大匙
盐 适量
胡椒 适量

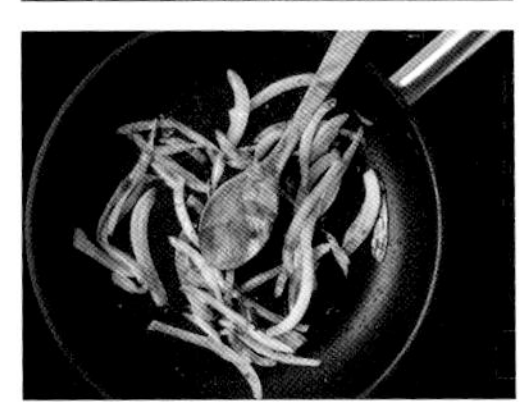

做法

1 将葡萄柚果瓣用半大匙的糖腌渍半小时。
2 将松子放在平底锅中以小火烘烤上色，再取出放凉。
3 同锅放入 1 大匙特级橄榄油加热，以小火把茴香炒软上色。
4 将剩余特级橄榄油、巴萨米克白酒醋和蜂蜜混匀，并加盐和胡椒调味，做成酱汁。
5 将生菜沙拉等盛盘，最后撒上松子和酱汁即完成。

葡萄柚的维生素C含量惊人，还可帮助代谢有毒物质，提升抗氧化力，抗癌、抗发炎的功能也很显著，是我相当喜欢的水果之一，也是我的招牌果酱里不可或缺的食材。这款沙拉里还含有自然香甜又纤维丰富的椰枣，与气味独特的大茴香共谱绝美风味，是道料丰味美且健康百分百的沙拉。

MIXED SPINACH, ROSEMARY AND ORANGE SALAD

小菠菜迷迭香柳橙沙拉

烹饪器具

平底锅 1 支

材料

小菠菜 80g
蘑菇（切片）150g
柳橙（剥皮，去膜，取出果瓣）1 颗
柠檬（汁）1 颗
红洋葱（切丝）60g
蒜头（切碎）1 瓣
迷迭香（Rosemary，摘下叶子切碎）1 支
核桃 15g
陈年红酒醋（Aged red wine vinegar）1 大匙
糖 1.5 大匙
特级橄榄油 3.5 大匙
盐 适量
胡椒 适量

做法

1 柳橙果瓣加入半大匙的糖腌渍半小时。
2 将核桃用小锅稍微烘烤后取出放凉，然后剁碎。
3 同锅放入半大匙特级橄榄油加热，将蒜头和蘑菇以中火煎至焦黄后取出备用。
4 将剩余的特级橄榄油、陈年红酒醋和迷迭香加糖调匀，再加入盐和胡椒调味做成酱汁。
5 将菠菜盛盘，撒上洋葱丝、蘑菇片，排上柳橙果瓣，淋上酱汁与核桃即可。

菠菜不仅冷、热食皆宜，料理手法变化多端，其抗氧化力和钾离子还能帮助稳定血压，中和过多的钠，是我先生经常指定食用的蔬菜；柑橘类水果清爽香甜中带着微酸，富含维生素C和膳食纤维，是注重身材窈窕的我喜爱的水果之一。吃沙拉除了要吃健康，还得够美味才行，而这款小菠菜迷迭香柳橙沙拉就是一道两者兼顾的好沙拉喔！

PAN-FRIED CHICKEN SALAD WITH CITRUS AND PEANUT BUTTER SAUCE

柳橙鸡胸肉花生风味沙拉

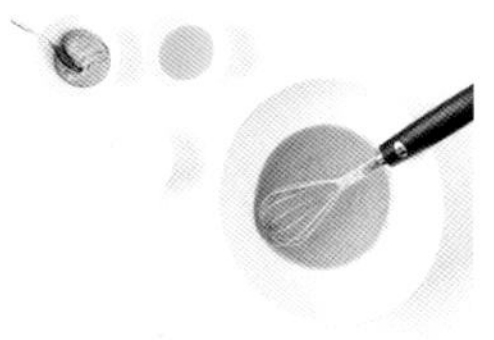

烹饪器具

烤箱、平底锅 1 支

材料

鸡胸肉 1 块
柳橙（剥皮，去膜，取出部分果瓣，其余榨汁）1 颗
蒜头（切碎）1 瓣
综合沙拉叶 80g
花生或任何核果均可 20g
花生酱 2 大匙
特级橄榄油 4 大匙
白酒醋（White wine vinegar）1 大匙
糖 半大匙
盐 适量
胡椒 适量

做法

1 将烤箱以 200℃预热至少 10 分钟。
2 鸡胸肉加盐和胡椒腌 10 分钟后卷成圆筒状备用。
3 将特级橄榄油、花生酱、柳橙汁、白酒醋和糖拌匀，并加盐和胡椒调味，即成沙拉酱汁。
4 取一平底锅加热，将花生稍微烘烤后取出放凉。
5 同锅放入 1 大匙特级橄榄油加热，放入鸡胸肉，将各面煎至焦黄上色。
6 将煎好的鸡胸放入烤箱烤约 6 分钟至熟，取出后以铝箔纸（雾面朝向肉）盖住，静置 3 分钟再切片。
7 沙拉叶盛盘，再依序放上所有食材，浇淋酱汁即可。

甜蜜的水果酱汁一向都是鸡肉的好搭档，所以我利用富含维生素C的柳橙来搭配鲜嫩的烤鸡肉，并在酱汁中融入了高抗氧化的花生，不仅让营养加分，还让口感更酸甜顺口。想吃沙拉又怕太单调吗？这道沙拉便是你的最佳选择，也是轻食主义者兼顾摄取低脂、高纤维和维生素的好伙伴。

SAUTEED MUSHROOMS, CRANBERRIES AND ARUGULA SALAD

杏鲍菇蔓越莓芝麻菜沙拉

烹饪器具

小平底锅 1 支

材料

芝麻菜（Arugula salad）与小菠菜 80g
培根（切碎）80g
蒜头（切碎）1 瓣
杏鲍菇（切斜片）150g
蔓越莓干（Cranberry，切碎）20g
特级橄榄油 4 大匙
法式芥末酱（Dijon mustard）4 小匙
陈年红酒醋 4 大匙
盐 适量
胡椒 适量

做法

1 取一平底锅，放入半大匙的特级橄榄油加热，放入培根和蒜头拌炒至焦香，加入少许的盐和胡椒调味。
2 同锅再放入半大匙的特级橄榄油，将杏鲍菇以中火煎至焦黄。
3 将另外 3 大匙特级橄榄油和陈年红酒醋、法式芥末酱混合，并加盐和胡椒调味，成为酱汁。
4 将沙拉食材依序排盘，再浇淋酱汁即可。

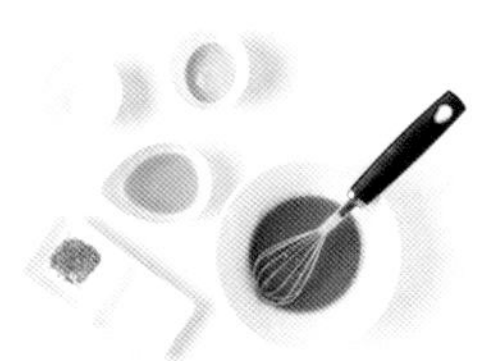

芝麻菜的气味独特，接受度因人而异，多半得在高级餐厅才能品尝到，而且价格往往让人却步。这道沙拉不只混合了重口味的食材，也混合了生、熟食材，而其中的蔓越莓果扮演着重要的提味效果。这道富含纤维素又低热量的沙拉，吃起来很有饱足感，非常适合有三高的朋友们呦！

PARMA HAM, CITRUS AND ASPARAGUS SALAD

帕玛火腿鲜橙芦笋沙拉

烹饪器具

小平底锅 1 支

材料

综合生菜 80g

帕玛火腿或任何风干火腿（Dry cured ham，切丝）6 片

奥勒冈（Oregano）或百里香（摘下叶子）4 支

葡萄柚或柳橙 1 颗

白（绿）芦笋（去皮，滚刀切段）5 支

苹果醋 1 大匙

特级橄榄油 3 大匙

糖 半大匙

盐 适量

胡椒 适量

做法

1 将葡萄柚果瓣用半大匙的糖腌渍半小时。
2 在平底锅中放入 1 大匙特级橄榄油加热，放入芦笋以中火煎熟（可加点水煮一下），再加入少许的盐和胡椒调味后取出。
3 同锅加入半大匙特级橄榄油，以中火将火腿煎至焦香，取出沥油，放冷备用。
4 将苹果醋、1.5 大匙特级橄榄油、盐和胡椒混匀成沙拉酱汁。
5 将沙拉食材依序排盘，再浇淋酱汁即可。

帕玛生火腿的绝佳风味适合各种料理与烹调，冷食、热炒都美味，与芦笋同场搭档尤为常见。这里还加了具有天然抗氧化功能的葡萄柚，可以帮助排毒、修复黏膜，还能养颜美容，满足我们爱美的需求。我们要靠吃得天然、吃得健康来保养自己，体内环保做得好，身体健康自然就美丽自信啰！

PEACH, HAM, BUFFALO MOZZARELLA CHEESE SALAD

水蜜桃风干火腿水牛奶酪沙拉

烹饪器具

小平底锅 1 支

材料

水蜜桃（红又熟为佳，去皮切角片）1 颗
风干火腿（卷成花形）6 片
水牛马苏里拉奶酪（切块）1 个
薄荷叶（切丝）10 片
芝麻菜与小菠菜 80g
松子 20g
特级橄榄油 3 大匙
陈年红酒醋 1 大匙
糖 半大匙
盐 适量
胡椒 适量

做法

1 将糖拌入水蜜桃中腌渍 10 分钟。
2 取一平底锅加热，将松子稍微烘烤，取出放凉。
3 将特级橄榄油、红酒醋、盐和胡椒混匀成酱汁。
4 将芝麻菜、小菠菜和薄荷叶混合盛盘，再依序排上水蜜桃、火腿卷和水牛马苏里拉奶酪。
5 撒上松子、浇淋酱汁即可。

大家都知道多吃蔬果有益健康，而多吃沙拉则是现代人摄取蔬食营养最简便的方式，但如何搭配出丰富的营养和美味可是一门大学问呢！夏季盛产的水蜜桃甜香多汁，并富含叶黄素、玉米黄素，具有修复受损细胞、减少自由基生成的功效，搭配松子中的维生素E和单不饱和脂肪酸，为现代忙碌的上班族提供丰富的抗氧化成分。

MOZZARELLA CHEESE SALAD WITH PEAR AND POMEGRANATE

甜梨石榴奶酪沙拉

烹饪器具

平底锅 1 支

材料

西洋梨（去皮切角状）1 颗

红石榴（Pomegranate，剥出果粒）160g

杏仁角 20g

水牛马苏里拉奶酪（切片）80g

综合生菜沙拉 80g

蜂蜜 2 大匙

特级橄榄油 3 大匙

白酒醋 1 大匙

盐 适量

胡椒 适量

做法

1 取一支平底锅加热，将杏仁角稍微烘烤后，取出放凉。

2 将特级橄榄油和白酒醋、蜂蜜混合，并加盐和胡椒调味，成为沙拉酱汁。

3 将沙拉叶、红石榴、杏仁角盛盘，放上西洋梨和奶酪，再淋上酱汁即可。

记得当年在巴塞罗那知名的圣荷西市场（Mercat de Sant Josep）里，初尝红石榴的鲜美滋味便为之倾心。虽然红石榴在欧洲的价钱也不低，但不时总要买一两颗来解相思。然而，剥石榴却是一桩麻烦事，索性“懒”，也就省下不少钱，哈哈！红石榴和西洋梨是抗氧化的两大宝，西洋梨更是控制血糖的圣品，搭配些许坚果是我最爱的吃法，对于最近承受庞大压力的我来说，这是最好的抗压料理。为了健康下厨是值得的！

ENDIVE FILLED WITH PEAR AND BLUE CHEESE SALAD

苦苣填甜梨蓝纹奶酪沙拉

烹饪器具

小平底锅 1 支

材料

苦苣（Endive）1 棵
西洋梨（去皮切丁）1 颗
淡奶油 2 大匙
巩根佐拉蓝纹奶酪（Gorgonzola cheese）90g
核桃 20g
蜂蜜 2 大匙
特级橄榄油 1 大匙
盐 适量
胡椒 适量

做法

1 苦苣去蒂头，再一片片剥开清洗后沥干。
2 取一平底锅加热，将核桃稍微烘烤后取出，放凉后剥碎。
3 蓝纹奶酪加入淡奶油搅拌均匀，拌入西洋梨丁和少许的盐和胡椒调味。
4 将奶酪馅填入苦苣叶后排盘，淋上特级橄榄油和蜂蜜，再撒上核桃碎即可。

形状犹如一艘小船的苦苣清脆爽口，含有丰富的叶酸和维生素A，能维护血液质量，并有助神经传导的健全，虽然口感略苦，但不失为一个健康又优雅的食材。这道沙拉微苦、香甜、脆口又多汁，让你一次享有多重滋味，拿来当作宴客菜也非常体面，你一定不能错过。

GREEK STYLE SALAD

希腊沙拉

烹饪器具

无

材料

A
- 菲塔羊奶酪（Feta cheese，切块）60g
- 薄荷叶（摘下叶片切丝）15g
- 黑橄榄（Black olive）50g
- 牛西红柿（切角状）100g
- 小洋葱（切丝）120g
- 奥勒冈（摘下叶片）3 支

柠檬（汁）半颗

特级橄榄油 3 大匙

香料海盐 适量

胡椒 适量

做法

1 将特级橄榄油和柠檬汁混合，并加香料海盐和胡椒调味，成为沙拉酱汁。

2 将〔A〕混合，再淋上酱汁即可。

迷人的爱琴海、热情的阳光与面海靠山的蓝瓦白屋……特有的希腊风情总是让人爱恋，但希腊料理却少有变化，多以西红柿、橄榄、优格、奶酪等为基础加减乘除，虽非主流、非时尚，但简单、健康、有力。西红柿和洋葱能提高身体抵抗自由基的能力，搭配橄榄中的健康油脂和奶酪的浓醇风味，使得这道希腊沙拉成为素食者最清爽健康的选择。

GREEN LENTILS AND GOAT CHEESE, MUSHROOM SALAD

绿扁豆羊奶酪蘑菇沙拉

烹饪器具

平底锅 1 支、小汤锅 1 支、滤网 1 个

材料

蘑菇（切片）80g

红甜椒（去籽切块）90g

绿扁豆（Green lentils）80g

萝蔓生菜（Romain lettuce，切成适口的大小）60g

羊奶酪（切小块）80g

特级橄榄油 3.5 大匙

法式芥末酱 5g

苹果醋 1 大匙

盐 适量

胡椒 适量

做法

1 在小汤锅中放入水和少许盐煮滚，放入绿扁豆加盖以小火煮软，然后倒入滤网中略冲冷水，再沥干放冷。
2 在平底锅中放入半大匙的特级橄榄油加热，放入蘑菇和红甜椒以中火煎至焦黄，再加些许的盐和胡椒调味备用。
3 将 3 大匙特级橄榄油、苹果醋和法式芥末酱混合，并加盐和胡椒调味，成为沙拉酱汁。
4 将萝蔓生菜盛盘，放上绿扁豆、蘑菇和红甜椒，撒上奶酪块，再淋上酱汁即可。

深受欧洲人喜爱的扁豆用途广泛，可做汤，可成泥，可炖煮当配菜，还可做沙拉，口感绵密，美味程度绝不输给薯泥。而大受国人喜爱的萝蔓是凯萨沙拉专用蔬菜，口感鲜脆，外形优雅，并拥有丰富的维生素C和β胡萝卜素，搭配羊奶酪中的钙质和绿扁豆中的镁，绝对是心血管疾病族群的优质沙拉首选喔！

SALADE DES TOMATESE

乡村沙拉

烹饪器具

无

材料

大红西红柿（或绿西红柿，切片）150g

红葱头（切碎）20g

意大利香芹（摘下叶片切碎）5g

油醋汁
- 特级橄榄油 3 大匙
- 红酒醋或新鲜柠檬（汁）半颗
- 第戎芥末酱 1 小匙
- 盐 适量
- 胡椒 适量

做法

1 将西红柿片、红葱头和意大利香芹混合排入盘中。

2 再将〔油醋汁〕搅打至浓稠状，淋在沙拉上即可。

对于法国人来说，沙拉是不可或缺的餐点，任何信手拈来的蔬果皆可变成一盘美味沙拉。除了叶菜类沙拉外，就属西红柿沙拉最为常见，简单、营养又好吃是它受欢迎的原因，想要把西红柿沙拉做好，买个上好的西红柿至关重要。另外，法国人爱红葱头如痴（不要问我为什么，犹如我们爱用葱、姜、蒜吧），无论是拌在沙拉里生吃，或是制作高级酱汁，都不可或缺。如果你想了解法国料理，不如就从这盘沙拉开始吧！

SALADE NICOISE

尼斯沙拉

烹饪器具

无

材料

新鲜生菜沙拉叶 80g
水煮蛋（一开四）2 颗
西红柿（一开四）50g
洋葱（切圈）30g
甜椒（去籽切条）50g
朝鲜蓟（切块）30g
油渍鲔鱼肉 120g
油渍西红柿（切条状）120g
法式酸豆 15g
鳀鱼 6 条
黑橄榄 30g
细香葱 适量

油醋汁

特级橄榄油 3 大匙
红酒醋 1 大匙
蒜头（切碎）1 瓣
红葱头（切碎）1 瓣
盐 适量
胡椒 适量

做法

1 把〔油醋汁〕材料搅打至浓稠状。
2 将其他材料混合摆入盘中，淋上油醋汁。

艳阳暖照的地中海是我学习法国菜的故乡，充满很多难忘的回忆与故事，它的特殊气候孕育了丰富的物产，诞生了不少脍炙人口的经典料理，而尼斯沙拉便是其一。这道沙拉富含蛋白质与维生素，营养丰富，通常一盘沙拉两人分食刚刚好，是去法国旅行的必吃美食，同时也是省钱的最佳选择之一。

餐酒馆
葫芦里卖的是……

关于餐酒馆的起源众说纷纭，但总脱离不了巴黎，然而传说中的第一间餐酒馆竟不是法国人开的！？

据说第一间餐酒馆出现在18世纪，时值俄罗斯人占领巴黎期间，他们把Bistroquets小酒馆们散立在巴黎的各大街头，Bistroquets演变至今就成了Bistro。更有加码爆料指出，据说当时俄罗斯的哥萨克人总是喊着："Bystro！Bystro！"催促服务生们快点！快点！久而久之，人们就把这类餐馆称为Bistro。

另有一说，认为Bistro也可能是由"Bistrouille"这个字转变而来，这是当地的一款开胃咖啡利口酒（Bistrouille）。

还有人说，Bistro最初来自巴黎公寓地下室的厨房。房东们为了增加额外收入，于是提供自家的厨房给房客们使用，或是干脆供应简单的餐食，就是类似民宿的概念。姑且不论Bistro的复杂身世如何，这外来语直到19世纪才被法国人所接受，广泛使用至今。

简单来说，最初餐酒馆是一种结合了酒吧和咖啡馆的餐厅，提供传统或当地的料理，以简单、快速和适中的价格为巴黎人或全世界的旅者提供心灵和口腹的填补，也是认识巴黎的开始。在此，可以轻松自在地吃顿好餐、喝杯小酒，哪怕只是点上一杯咖啡、读一下午的书，都没人会给你眼色看，更可随意地跟服务生们聊聊天，或与邻桌客人自由攀谈。这在巴黎实在是件稀松平常的事，自然，舒服，让人沉溺，也许这正是它的魅力所在。

1 饮用水，免费的！2 生牛肉冷盘。3 到巴黎必吃的巴黎海鲜盘。4 鞑靼鱼。5 餐前酒Kir。
6 餐酒馆也是喝咖啡的好地方。7 反烤苹果塔。8 肋眼牛排加红酒炖洋葱酱汁。9 红色是巴黎餐酒馆常见的基调。

CHANGE
0%
BABYLONE

S
U

CHAPTER

3

汤品

欧陆料理中的汤品大致可分为浓汤和清汤，
不仅有暖心的热汤，甚至还有沁心凉的冷汤，
更有咸、香、甜、辣、酸……千百种滋味，
这么多美妙好汤等着你尝鲜，
还不赶快洗手做羹汤？

红萝卜柳橙冷汤 / 优格 / 芒果冰沙
Gazpacho of carrot and orange / Joghurt / Mango sorbet
餐厅……GrandCoeur 主厨……Nino La Spina

CELERY AND POTATO SOUP

西芹马铃薯浓汤

烹饪器具

平底锅 1 支、小汤锅 1 支、料理机或均质机

材料

A
- 蒜头（切碎）2 瓣
- 香菜（摘下叶子）12 支
- 红洋葱（切丁）60g
- 红辣椒（去籽后切碎）12g
- 西芹（去皮，切块）80g
- 马铃薯（去皮，切块）80g

鸡高汤 500ml

烹调用淡奶油 80ml

橄榄油 2 大匙

盐 适量

胡椒 适量

做法

1 在平底锅中放入 2 大匙的橄榄油加热，将〔A〕的所有材料依序加入锅中拌炒至焦香上色。

2 加入鸡高汤煮滚后以小火加盖续煮约 20 分钟至软烂。

3 将汤料打碎，再慢慢调入淡奶油续煮 3 分钟。

4 最后以盐和胡椒调味，并加以装饰即可。

过度精致的饮食对健康没有好处！应该多多食用五谷杂粮、高纤类蔬果或不去皮的根茎类食物，可以帮助消化吸收、加强排毒、维持健康。菲比为大家设计的这款营养汤，材料易取、做法简单，只要30分钟便可完成美味又满足的一餐，还能维持身体健康、体态轻盈，谁不爱？

Die Salzkrus
pisches Fisch
wie der Nam
kannt für ihr
Und zu diese
derfilet, der
mal Wildfang
oder Adlerfisch
Vor fünf Jahren
und Manuel Gros
chef, hat bei Karl
Restaurant seines Vaters
Küchenstil beschreibt er
schem Touch". Beide haben
stets auch ein kleines „Salzmenü"
Hibiskus, Ingwer und Zitronengras zum Fisch. Der
einer Mischung aus grobem Meersalz und Eiweiß bzw. Wasser,
der Zubereitung nur sehr langsam Flüssigkeit und kommt in
von der Zwiebel, roh mariniertem Fenchel und Safran
er Saftigkeit auf den Tisch, die noch lange begeistern.
immer frisch und möglichst schonend. So haben es die beiden
en letzten Jahren eine beständig wachsende Fangemeinde
obene Küche, sondern auch die intime, entspannte Atmosphäre
alzkruste, Georgenstraße 45, München. Tel. 089/24290953,

TOMATO, RED PEPPER AND YOGHURT SOUP

西红柿红椒柠檬优格浓汤

烹饪器具

平底锅 1 支、小汤锅 1 支、料理机或均质机

材料

A

- 大红西红柿（切丁）80g
- 红甜椒（去籽后切丁）80g
- 洋葱（切丁）80g
- 蒜头（切碎）1 瓣

鸡高汤 500ml

柠檬（先刨皮再挤汁）半颗

原味优格 80ml

橄榄油 2 大匙

盐 适量

胡椒 适量

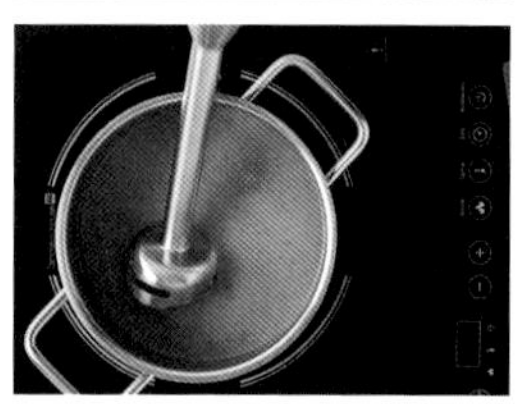

做法

1 在平底锅中放入 2 大匙橄榄油加热，先将洋葱炒软，再放入〔A〕的其他拌炒至焦香。

2 将 1 移入汤锅中，加入鸡高汤煮，再以小火加盖续煮 20 分钟至食材软烂。

3 把汤料打碎，再加入优格和柠檬汁加热煮，以盐和胡椒调味即可食用。

这道汤品以西红柿为底，再掺入红椒和洋葱的鲜甜，以及柠檬的微酸清香，不仅滋味清爽，还有满满的茄红素，能够提高抗氧化力，并降低胆固醇，一兼二顾，好处多多。喜爱西红柿料理的我，特别喜欢这道汤品微酸微甜的滋味，而且我有“不怕胖”配方——以优格取代淡奶油，让我能够放胆多喝两碗。认识了这么美味的健康好汤，赶快做汤去吧！

APPLE AND BEETROOT SOUP

苹果红甜菜浓汤

烹饪器具

平底锅 1 支、小汤锅 1 支、料理机或均质机

材料

A
- 洋葱（切块）50g
- 苹果（切块）100g
- 红甜菜（Beetroot，切块）120g
- 茴香籽（Fennel seeds）半大匙

莳萝（Dill，切碎）10 支
鸡高汤 500ml
烹调用淡奶油 80ml
橄榄油 1.5 大匙
无盐黄油 10g
盐 适量
胡椒 适量

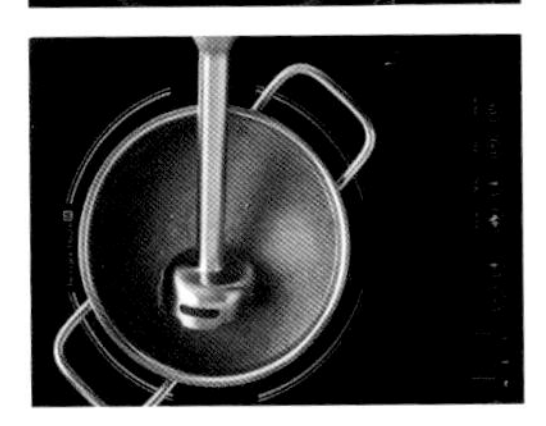

做法

1 在平底锅中放入橄榄油和无盐黄油加热，再将（A）加入，炒至焦香。
2 加入鸡高汤煮滚，再以小火加盖续煮 20 分钟，至食材软烂。
3 加入莳萝和淡奶油，须边加边搅拌，再以小火续煮 3 分钟。
4 最后加盐和胡椒调味，并加以装饰即可。

红甜菜不只可以做沙拉冷食，还可以入汤、捣成泥当配菜、制作酱汁等，是百搭的好食材，广受欧洲人喜爱。中国人格外注重养生，红甜菜富含植化素和铁质，最适合压力大的现代人食用，在生机饮食中占有一席重要的地位。但红甜菜带有轻微土味，不喜欢的人可以避免生食，或透过与其他食材的搭配来去除它，如这款汤品便是善用茴香籽和莳萝的强烈香气，以及红苹果的微酸感，来减轻红甜菜的土味，同时还能增加浓汤的鲜美与层次。

CELERY, PEAR AND CINNAMON SOUP

西芹甜梨肉桂浓汤

烹饪器具

中型平底锅 1 支、小汤锅 1 支、料理机或均质机

材料

姜（切碎）5g
洋葱（切丝）80g
西芹（切丁）200g
西洋梨
（去皮切丁，另留少许切条状）200g
肉桂粉 2 小匙
肉豆蔻粉 1 小匙
鸡高汤 400ml
烹调用淡奶油 3 大匙
波特酒 50g
黄柠檬（汁）1/3 颗
松子 6g
无盐黄油 1 小匙
橄榄油 2 大匙
盐 适量
胡椒 适量

做法

1 在平底锅中放入无盐黄油和橄榄油加热，将洋葱丝和姜末炒软至焦黄。
2 加入西芹和西洋梨续炒 2 分钟，再加入肉桂粉和肉豆蔻粉拌匀。
3 加入鸡高汤煮滚，以小火加盖续煮至软，再将汤料取出。
4 将 3 的汤料打碎后回锅煮滚，再调入淡奶油、波特酒和黄柠檬汁，最后加盐和胡椒调味。
5 盛盘后放些甜梨条、松子和适量的肉桂粉即可。

甜梨也能入汤？有点难想象？告诉你喔，它的滋味甜而不腻，又很开胃，还隐藏着多种重量级香料、波特酒和黄柠檬的酸……相信你没尝过这等滋味，不下厨一试怎么知道呢？

FENNEL AND SWEET POTATO SOUP

小茴香甜薯汤

烹饪器具

中型平底锅 1 支、小汤锅 1 支、料理机或均质机

材料

姜（切片）3 片
红薯（切块）380g
樱桃西红柿（在底部切小十字痕）150g
咖喱粉 5g
鸡高汤 500ml
椰奶 125ml
小茴香粉 8g
小茴香籽 2g
无盐黄油 10g
橄榄油 1 大匙
盐 适量
胡椒 适量

做法

1 在平底锅中放入奶油和橄榄油加热，将姜片和红薯块炒至焦香。
2 加入咖喱粉和小茴香粉拌炒。
3 加入鸡高汤煮滚，再转小火加盖续煮至软。
4 将红薯块捞出 2/3 的量，放入料理机中打碎，再回锅煮滚。
5 加入剩余的红薯块、樱桃西红柿和椰奶煮滚，最后加入盐和胡椒调味。
6 盛盘后放上小茴香籽增添风味。

大多数的中国人对红薯都爱不释手，因此我创作了这款简单、充满异国情调又甘甜的浓汤，让大家一饱口福。在这道汤品之中，我加入了一向偏爱的小茴香，它的特殊香气让新疆烧烤、中东料理散发浓郁而神秘的风味，运用在这道汤品之中，恰似一记巧妙的回马枪，让美味的记忆在舌尖上永恒停留。

GREEN PEAS, ZUCCHINI AND MINT SOUP

青豆节瓜薄荷浓汤

烹饪器具

中型平底锅 1 支、小汤锅 1 支、均质机

材料

青豆仁 200g

节瓜（切片）200g

马铃薯（切片）50g

姜（切末）3g

鸡高汤 400ml

烹调用淡奶油 3 大匙

黄柠檬（汁）1/3 个

彩色胡椒（切小丁）少许

薄荷叶（留 2 片装饰用）10 片

无盐黄油 10g

橄榄油 2 大匙

盐 适量

胡椒 适量

做法

1 取一平底锅，放入黄油和橄榄油加热，放入节瓜和姜末慢炒至软。
2 加入青豆和薄荷叶拌炒。
3 加入鸡高汤煮滚，再以小火加盖续煮到食材软烂，然后将其打碎。
4 回锅煮滚，再调入淡奶油和黄柠檬汁，并以盐和胡椒调味。
5 盛盘后加入薄荷叶和些许彩色胡椒粒装饰即可。

好友的生日随着春天的脚步到来，于是煮了这款绿意盎然的汤品为两位好友庆生，春天的意象在锅中一览无遗，让大伙吃得赞叹连连。除了用绿来烘托春天，还要赋予它个性，因此薄荷和彩色胡椒发挥了作用，让汤里不但春光明媚，更展臂迎向夏天，万物苏醒，青春洋溢！

DOUBLE CHEESE, SAFFRON AND SEAFOOD SOUP WITH BREAD BOWL

双奶酪番红花海鲜面包汤

烹饪器具

中型平底锅 1 支、大汤锅 1 支、小汤锅 1 支、料理机或均质机

材料

A
- 蒜头（切碎）2 瓣
- 胡萝卜（切小丁）70g
- 青蒜（切碎）70g
- 西芹（切小丁）70g

面粉 1 大匙
蘑菇（切片）50g
姜 2 片
综合海鲜 200g
番红花粉（Saffron）2g
葛瑞尔奶酪（Gruyere cheese，切块）30g
爱曼塔干酪（丝）30g
鸡高汤 500ml
烹调用淡奶油 50ml
黄柠檬或柠檬（汁）半颗
硬质圆形欧包 2 个
无盐黄油 10g
橄榄油 2 大匙
盐 适量
胡椒 适量

做法

1 取一小汤锅，放入水、盐和 2 片姜煮滚，再加入海鲜料快速烫熟后取出冲水沥干。
2 取一平底锅，放入半大匙橄榄油加热，将蘑菇炒至干且焦黄后取出（可略加盐和胡椒调味）。
3 在大汤锅中加入无盐黄油和其余的橄榄油，再将〔A〕和番红花粉加入拌炒至焦香。
4 加入面粉拌匀，再加入鸡高汤煮滚，转小火加盖续煮至软。
5 调入淡奶油和黄柠檬汁后将海鲜回锅煮滚，并加入盐和胡椒调味。
6 盛盘前再放上双奶酪和炒蘑菇。
7 将圆面包的 1/3 处切开，挖掉部分内里，做成碗，把汤填入即可食用。

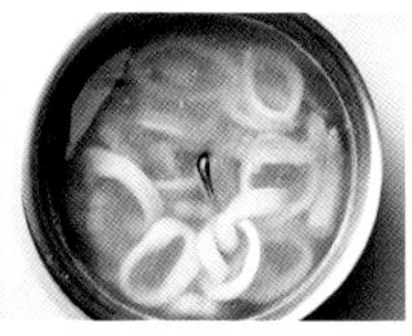

换个喝汤的方式吧！此乃食之趣也。这道汤品以面包盛装，尝来别有一番风味。葛瑞尔和爱曼塔干酪是奶酪火锅（Cheese fondue）的主角，而我把火锅变成浓汤，并加入多彩的蔬菜、丰富的海鲜和调色的番红花，制成了这道充满趣味、营养满分又带点奢华的汤品，尤其是浓稠牵丝的奶酪与吸饱满满汤汁的面包，不只深受小朋友喜爱，连大人也很难抵挡它的诱惑。

INDIAN TANDOORI,RED LENTILS AND TOMATO SOUP

印度坦都里西红柿扁豆浓汤

烹饪器具

平底锅 1 支、汤锅 1 支、料理机或均质机

材料

红西红柿（切块）200g
红扁豆（Red lentils）70g
姜（切碎）20g
蒜头（切碎）2 瓣
洋葱（切丁）60g
坦都里粉（Tandoori）1 大匙
鸡高汤 400ml
原味优格 150g
香菜（摘下叶片切碎）12 支
无盐黄油 20g
葵花油 1 大匙
盐 适量
胡椒 适量

做法

1 在平底锅中放入奶油和半大匙的葵花油加热，把洋葱、姜和蒜头用小火炒至焦香，再加入坦都里粉拌炒均匀。
2 再加入半大匙的葵花油，以中火续炒扁豆、西红柿和香菜约 1 分钟。
3 将 2 移到汤锅里，加入鸡高汤煮滚，再加盖以小火煮至软烂。
4 将食材打碎（最好保留部分口感）。
5 将 4 回锅加热，再加入优格、盐和胡椒调味。
6 将汤盛盘，配以切碎的香菜叶装饰即可。

印度料理不仅有股迷人的辣劲，还有一种由多样香料所激荡出的神秘色彩，使其别具一格，深受世人喜爱。这道好喝的汤品富含优质蛋白质和茄红素，热量少少却很有饱足感。不妨再利用坦都里粉和印度辣椒粉腌渍鸡肉，做个烤鸡串佐优格酱，就能搭配成一组套餐。在家吃顿印度料理其实很简单！

TROPICAL CHILI SPICY COCONUT AND PINEAPPLE SOUP

南洋风辣味椰奶凤梨浓汤

烹饪器具

平底锅 1 支、汤锅 1 支、料理机或均质机

材料

凤梨（切丁，预留些许装饰用）120g

香菜（摘下叶片切碎，预留些许装饰用）5 支

白芝麻（预留些许装饰用）1.5 大匙

A
- 姜（切碎）25g
- 红葱头（切碎）1 颗
- 蒜头（切碎）1 瓣
- 小辣椒（切碎）1 条

鸡高汤 300ml

香茅 1 根

椰奶 100ml

柠檬（榨汁）1 颗

葵花油 2 大匙

盐 适量

胡椒 适量

做法

1 在平底锅中放入 1 大匙的葵花油加热，放入凤梨丁，以中火煎炒 2 分钟，再撒入香菜碎和白芝麻拌炒后取出备用。

2 同锅再加入 1 大匙的油，将〔A〕以小火拌炒至焦香。

3 将 1 和 2 移入汤锅，加入鸡高汤、椰奶和香茅煮滚，再以小火加盖续煮约 20 分钟至软。

4 把汤料打碎，起锅前加入柠檬汁、盐和胡椒调味。

5 将汤盛盘，放上凤梨丁、白芝麻和香菜叶装饰即可。

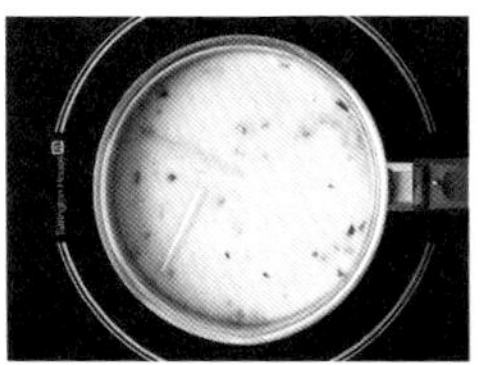

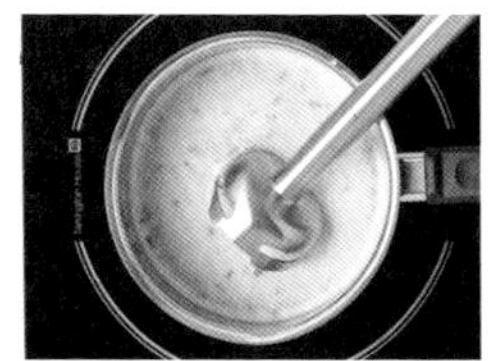

这道以凤梨为基底的汤品，运用了南洋料理特有的香茅、柠檬、椰奶和香菜等食材，看似洋溢南洋风情，实则大不相同，风貌新奇有趣。更厉害的是，它还兼顾营养、高纤、助消化与低脂少负担，让你享受美食的同时不必“斤斤计较”，喜欢东南亚料理的朋友们务必下厨一试。

OAT MILK SOUP WITH CHESTNUTS

栗子燕麦牛奶浓汤

烹饪器具

中型平底锅 1 支、小汤锅 1 支、均质机

材料

熟栗子（略切）150g

洋葱（切丝）50g

马铃薯（切片）50g

鸡高汤 150ml

原味或无糖燕麦牛奶 350ml

烹调用淡奶油 3 大匙

肉桂粉 2 小匙

葵花籽 6g

核桃油 1 大匙

橄榄油 1 大匙

盐 适量

胡椒 适量

做法

1 在平底锅中放入 1 大匙橄榄油加热，放入洋葱和马铃薯炒软上色。

2 加入栗子略炒后加入鸡高汤大火煮滚，再以小火加盖续煮至软。

3 将 2 的汤料均匀打碎，回锅加热，再调入燕麦牛奶和淡奶油，用大火煮滚，续以小火煮 5 分钟。

4 加盐和胡椒调味后盛盘，淋上核桃油，撒上肉桂粉和葵花籽即可。

这道汤品以马铃薯和鸡汤为基底，加上栗子增添绵密高贵的口感与气质，再利用燕麦牛奶取代淡奶油，使汤品更浓醇、更健康，最后还特别加入肉桂，让层次感更丰富，风味更显独特与新鲜。很好奇这道汤品究竟是什么样的滋味吧？那就赶紧下厨体验它！

SPINACH SOUP WITH SMOKED SALMON

菠菜熏鲑鱼浓汤

烹饪器具

平底锅 1 支、汤锅 1 支、料理机或均质机

材料

洋葱（切丁）50g
马铃薯（切丁）70g
菠菜（2g 切丝作装饰用，其他切段）70g
法式芥末籽酱（Whole grain mustard）1 大匙
鸡高汤 400ml
烹调用淡奶油 100ml
烟熏鲑鱼切块或卷成玫瑰花形 约 3 片
无盐黄油 10g
橄榄油 1 大匙
盐 适量
胡椒 适量

做法

1 在平底锅中放入橄榄油和无盐黄油加热，放入洋葱和马铃薯，以中火炒至焦黄，再加入菠菜拌炒均匀。
2 将 1 移入汤锅，加入鸡高汤、法式芥末籽酱煮滚，再以小火加盖炖煮约 20 分钟至烂。
3 把汤料打碎，加入淡奶油煮滚，再续煮 2 分钟，最后以盐和胡椒调味。
4 将汤盛盘，放上熏鲑鱼和菠菜丝装饰即可。

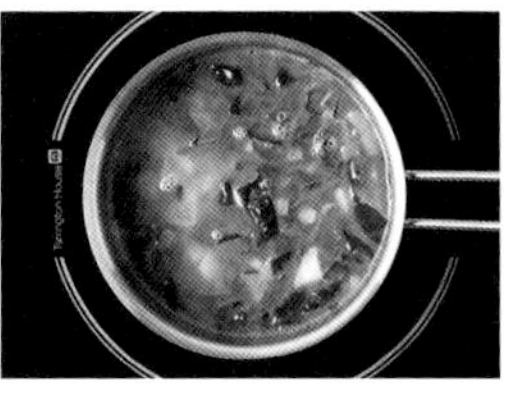

法式的菠菜浓汤是高质感汤品！这款用多种蔬菜和菠菜打成的浓汤，加入了很多朋友喜欢的熏鲑鱼，让浓汤拥有别具层次的风味与口感，并且汇集了Omega-3脂肪酸、天然铁剂和深绿色蔬菜的营养素，让你喝了健康又美丽。

GREEN VEGGIE SOUP

绿自然冷汤

烹饪器具

料理机或均质机

材料

A
- 绿节瓜（Green zucchini，切丁）60g
- 西芹（削皮后切丁）60g
- 薄荷叶（切丝）10 片
- 欧芹（摘下叶片略切碎）3 支
- 罗勒（Basil，摘下叶片略切）15 片
- 蒜头（拍碎，去皮）1 瓣

水 280ml

芒果醋 60ml

松子 5g

橄榄油 2 大匙

糖 40g（可视个人喜好增减）

盐 适量

胡椒 适量

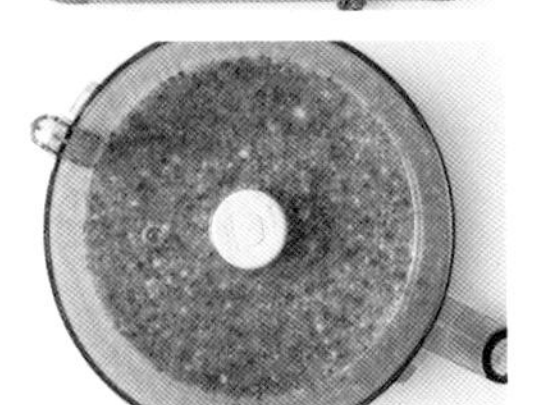

做法

1 将〔A〕加糖和一半的水放入料理机里打碎。

2 再加入剩下的水、芒果醋、橄榄油继续搅打均匀。

3 最后加入少许的盐和胡椒调味，食用时可加入松子。

炎夏之日，无论动静皆汗如雨下，没有冷饮似乎难以度日，更别说喝碗热汤！同样怕热的西班牙人用各种不同风味的冷汤（Gazpacho）来抗暑，就像我们的蔬果汁一般。除了五颜六色的新鲜蔬果，还得以当地盛产的优质橄榄油入汤，才算得上是合格的冷汤。在西班牙的超市总能找到各种不同口味的瓶装冷汤，方便没时间下厨的人，也抚慰了众多炎夏没食欲的胃口，其便利性和受欢迎的程度由此可见一斑。我爱冷汤，所以在20多年前刚展业时就推出了著名的西班牙杏仁冷汤，算是中国台湾少数的冷汤先驱者，虽然当时多数的人还无法接受喝“冷”汤，却不失为一创举，直到现在仍有许多客人与我津津乐道这件美好往事呢！

CARROT, PASSION FRUIT AND YOGURT SOUP

姜味胡萝卜百香果优格浓汤

烹饪器具

平底锅 1 支、小汤锅 1 支、料理机或均质机

材料

洋葱（切丁）100g

姜（切丁）25g

胡萝卜（切丁）100g

鸡高汤 500ml

红椒粉 4g

百香果（挖出果肉）1 颗或 2 颗

香菜（摘下叶片）10 支

烹调用淡奶油 50ml

原味优格 100ml

橄榄油 半大匙

盐 适量

胡椒 适量

做法

1 在平底锅中放入半大匙的橄榄油加热，放入洋葱、姜、胡萝卜炒至焦黄有香气。

2 移入小汤锅中加入鸡高汤煮滚，转小火加盖续煮约 20 分钟（必须全部煮软）。

3 将香菜与汤料混合后打碎，继续加热，再放入百香果肉、红椒粉、淡奶油和优格续煮 2 分钟。

4 最后用盐和胡椒调味、装饰即可。

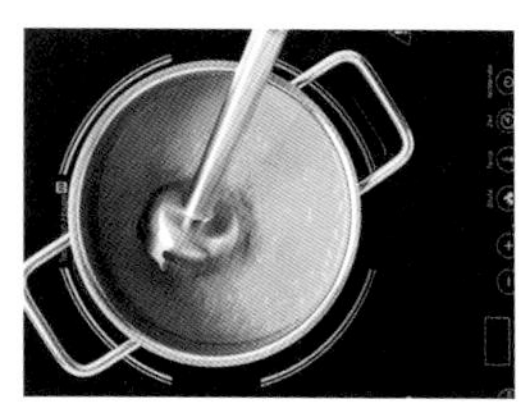

为不爱吃胡萝卜的人（尤其是小朋友们）做这道汤吧！

大多数的朋友都知道胡萝卜富含维生素A，其实百香果也一样，都是护眼和维护肌肤健康的最佳营养素，还能为胡萝卜汤增添微微的酸甜感，所以最近用眼过多、运动量零的我常做此汤来补充营养。想让你的双眼明亮有神吗？来一碗姜味胡萝卜百香果优格浓汤吧！

HORSERADISH, BACON & DILL SOUP

辣根莳萝培根浓汤

烹饪器具

中型平底锅 1 支、小汤锅 1 支、料理机或均质机

材料

A
- 姜（切丝）3 片
- 马铃薯（切片）150g
- 青蒜（切碎）200g
- 辣根（切薄片）35g（另备 15g 用于 4）
- 肉豆蔻 1 大匙

鸡高汤 400ml
烹调用淡奶油 100ml
黄柠檬或柠檬（汁）1/3 颗
莳萝（切碎）3g
培根（切条）50g
无盐黄油 1 大匙
橄榄油 2 大匙
盐 适量
胡椒 适量

做法

1 在平底锅中放入 1 大匙的橄榄油加热，放入培根，以中小火慢煎至焦黄，取出后放在厨房纸上吸掉多余油分备用。
2 同锅放入无盐黄油和 1 大匙橄榄油加热，再将〔A〕依序加入拌炒，然后加入鸡高汤煮滚，转小火，加盖续煮至软。
3 将汤料打碎，调入淡奶油、黄柠檬汁、莳萝煮滚，再以小火煮 5 分钟。
4 最后加盐和胡椒调味，盛盘后放上脆培根和现磨的辣根食用，风味绝美。

辣根

宛若新鲜山葵的辣根与炭烤德国香肠真是绝配！我很喜欢辣根冲辣的劲儿，把它与奶油汤品搭配在一起，效果特别出色，成了整道汤的亮点，喝它个两三碗都不嫌多呢！

SPANISH SPICY ALMOND AND CELERY SOUP WITH CHORIZO

辣味西芹杏仁佐西班牙腊肠浓汤

烹饪器具

平底锅 1 支、汤锅 1 支、料理机或均质机

材料

西芹（切丁）60g

红辣椒（切碎）10g

杏仁（碎）30g

洋葱（切丁）60g

蒜头（切碎）1 瓣

鸡高汤 400ml

柠檬（先刨皮末后榨汁）半颗

西班牙腊肠（Chorizo，切丁）100g

烹调用淡奶油 100ml

橄榄油 2 大匙

盐 适量

胡椒 适量

做法

1 在平底锅中放入半大匙的橄榄油加热，将腊肠丁以小火煎 2 分钟，以盐和胡椒稍微调味后取出备用。

2 同锅再加入 1.5 大匙的橄榄油加热，放入洋葱和蒜头小火拌炒 1 分钟，续放入红辣椒、西芹、杏仁，以小火拌炒至焦香。

3 将 2 料移入汤锅，加入鸡高汤煮滚，以小火加盖续煮 20 分钟至软烂。

4 将汤料打碎后加热，再拌入淡奶油（须边搅拌）、柠檬汁和皮末，再煮 2 分钟，最后以盐和胡椒调味。

5 将汤盛盘，放上腊肠丁和装饰即可。

适合周末再不狂欢就会闷到发疯的你！

这道让人心情奔放的浓汤，缀上让人食欲大开的辣味西班牙腊肠，宛若置身巴塞罗那，品尝着令人停不下来、热情如火、充满致命吸引力的塔帕斯（Tapas），保证齿颊留香，意犹未尽！

FRENCH ONION SOUP

法式洋葱汤

烹饪器具

大汤锅 1 支、烤箱、耐热汤碗

材料

洋葱（切丝）280g
蒜头（碎）2 瓣
培根（切条）50g
面粉 1 大匙
百里香（摘下叶片）3 支
月桂叶 2 片
牛高汤 500ml
白兰地 30ml
乡村面包或长棍（切片）数片
爱曼塔奶酪丝 50g
无盐黄油 1 大匙
橄榄油 3 大匙
盐 适量
胡椒 适量

做法

1 在大汤锅中加入无盐黄油和 1 大匙橄榄油加热，再加入蒜头和培根炒至焦香。
2 加入洋葱丝，用中大火煸炒至脱水，并呈焦黄色。
3 加入百里香、月桂叶和面粉，与洋葱料充分炒匀。
4 加入牛高汤煮滚，转小火加盖续煮至软，最后加入白兰地、盐和胡椒调味。
5 盛入耐热汤碗中，放上切片的面包，铺上奶酪丝，放入烤箱烤至焦黄色即可。

洋葱汤不只是法国菜中的经典，更是我的法国料理萌芽之作——我从杰哈老师那里学来的第一道菜，有着深厚且具代表性的情缘。炒洋葱是这道菜的功夫所在，需要一点耐性和技巧来完成，汤的好坏关键也在于此。另外，高级汤品是不打面糊底的，而是以少量的面粉拌炒增加其稠度，这是法国料理的另类勾芡法。透过这道汤品，把我的法国料理之初分享给大家！

GARLIC AND CHEESE SOUP

大蒜奶酪浓汤

烹饪器具

中型平底锅 1 支、汤锅 1 支、料理机或均质机

材料

A
- 洋葱（切丝）150g
- 蒜头（切片）60g（另备 2 颗切片装饰用）
- 面粉 1 大匙

百里香（摘下叶片）3 支
帕玛森干酪（刨成粉状）80g
鸡高汤或牛高汤 500ml
蛋白（打散）2 颗
无盐黄油 10g
橄榄油 2 大匙
盐 适量
胡椒 适量

做法

1 在平底锅中放入少许橄榄油加热，再放入蒜片以中小火慢煎至焦黄，取出 2 颗的量留作装饰用。
2 将〔A〕的洋葱加入锅中炒软至焦黄色，再拌入面粉（炒到完全看不到粉末才行）。
3 加入高汤煮滚后以小火加盖续煮至软烂。
4 将汤料打碎后加入百里香叶。
5 将蛋白打散，再慢慢倒入汤里，同时搅拌均匀。
6 最后加盐和胡椒调味。
7 盛盘后放入奶酪粉、蒜片和装饰即可。

法国料理中没有勾芡的做法，让料理浓稠的方式主要是炒面糊，也就是在炒制过程中加入适量的面粉拌炒，再加进高汤炖煮，至于高级酱汁则需恰到好处的浓缩烹制，费工又费时，但几千年来爱美食成痴的法国人，奉此传统为圭臬，且不厌其烦，难怪法国菜如艺术品般的高贵，举世闻名。这道非常受欢迎的大蒜奶酪汤，便是一道需要慢火细熬的经典汤品，经过熬煮的蒜头不但辛辣味尽失，特殊的香气与奶酪成了完美组合，味道浓郁却又温润可口。

Bourgogne
2015

走进
巴黎餐酒馆

散落在巴黎各处的酒馆多以红色系为主，或蓝或墨绿为辅，白色桌布上衬着可爱的红色方格纹桌巾，搭配着各式木椅，还有店门口黑板上龙飞凤舞的每日菜单，构成巴黎餐酒馆的视觉印象。

餐酒馆的另外一景是“专业的服务生们”。他们的速度敏捷，且多半精通英语，点完餐后立刻风速递上一篮当日现烤面包，以及免费的生饮水（记得不必花大钱在昂贵的水资上），也会利用空档跟你小聊一番，以期了解客人的来历和背景（咱们也可趁机多了解一些游览巴黎的讯息或了解法国的八卦，互相利用，哈）。这串联服务生、主厨与客人间的精彩互动，

错落街边的形形色色餐酒馆构筑了巴黎的迷人印象。

SERVICE CONTINU
RESTAURANT
Glaces artisanales
Crêpes à toute heure
hours
Formules Petit Déjeuner
le Continental 8€
le Trinité 12€

构成一幅不矫揉、不做作、自然流淌而美妙的特殊巴黎餐酒馆文化和五感体验。

如果真要我为巴黎餐酒馆下定义，我会说它是一处带着浓厚个人色彩的小天地。这里没有上流餐厅里的繁文缛节，没有穿着上的八股讲究，只为给喜欢享受美食、享受当下、享受一份闲情的巴黎庶民们一种特有的巴黎风情，能够舒服吃着简单的家常菜，也能够品味主厨们心血来潮的创意料理。

最初的巴黎餐酒馆甚至只有老板本人、一名厨师和一名洗碗工的组合，在客人多时，熟客们还会自动自发去拿餐具或倒杯水，偶尔还可能充当临时服务生应急呢！除了土生土长的店家，后来也涌入了不少外来的大型连锁餐酒馆加入战场，动辄一二十位训练有素的服务生，个个动作迅速、专业又有效率，而且深谙把客人照顾好等于小费轻松入袋的道理，但是老巴黎人心中总是藏着自己的最爱，而且一辈子都不会改变对旧爱的依恋。

法国菜一直以来是美食的同义词，虽然餐酒馆与高级餐厅泾渭分明，但自豪的法国人对自己的料理始终深具信心与信仰，相信真正的美食也必能平民化，绝不该是互不相交的两条平行线，而这些餐酒馆才是他们心中最日常的米其林。

除了看菜单点菜，店门口的黑板也能给你不错的建议。

CHAPTER

4

面食 & 炖饭

学会菲比的意大利面和炖饭是一定要的！
我致力于美食创作，却也不忘追求健康窈窕，
因此设计了多款“不怕胖”独门秘方，
献给同样不忍放弃美味的你。

ORECCHIETTE WITH WILD ASPARAGUS, SHRIMPS, MINT AND GRUYÈRE CHEESE

野芦笋松露薄荷虾仁奶酪猫耳朵面

烹饪器具

意大利面锅 1 支、平底锅 1 支

材料

新鲜猫耳朵面（Orecchiette）220g
野芦笋（去除尾段，切成 3 段）150g
虾仁（开背去肠泥）100g
薄荷叶（摘下叶片切丝）8 片
葛瑞尔或马斯卡彭（Mascarpone）奶酪（切块）100g
鸡高汤 适量
松露（可省略）10g
蒜头（切碎）2 颗
松露油 适量
去皮杏仁（切碎）20g
无盐黄油 10g
橄榄油 3 大匙（注）
帕玛森干酪 随个人喜好
盐 适量
胡椒 适量

注：本书所列之橄榄油量均不含煮面时用油，使用量约半大匙。

做法

1 在意大利面锅中注入八分满的水，加入 1 小匙的盐和橄榄油煮沸，将面放入，加盖煮滚后以中大火煮 3 分钟。
2 取一平底锅小火加热，将杏仁碎烘烤约 1 分钟，取出备用。
3 同锅放入 3 大匙橄榄油加热，把蒜头用小火炒香，再放入虾仁和野芦笋，以大火快炒。
4 加入猫耳朵面和奶酪拌匀（可加入适量鸡高汤，有助拌匀），再放入薄荷叶。
5 起锅前加入奶油、盐和胡椒调味，最后撒上松露、松露油和杏仁碎即完成，食用时可撒些帕玛森干酪增添风味。

这款意大利面让你品尝的是春天的味道！来自法国的野芦笋，只有当季才吃得到，口感幼嫩、爽脆，与鲜甜的虾仁搭配可说是相得益彰，再加上薄荷提味，以及浓郁的葛瑞尔奶酪加持，最后还加码缀以松露，更显奢华，造就了这道春神也着迷的宴客型意大利佳肴。

SPAGHETTI LEMON CARBONARA

柠香培根蛋奶汁面

烹饪器具

意大利面锅 1 支、平底锅 1 支

材料

意大利 5 号面（Spaghetti）200g
蒜头（切碎）3 瓣
培根（切条）70g
全蛋 1 颗
蛋黄 1 颗
烹调用淡奶油 180ml
帕玛森干酪（磨碎）1.5 大匙
柠檬或黄柠檬（汁）0.5 ~ 1 颗
香芹（摘下叶片切碎）3 支
无盐黄油 10g
橄榄油 2 大匙
海盐 适量
胡椒 适量

做法

1 将全蛋和蛋黄混合打匀成蛋汁。
2 把淡奶油和奶酪搅拌均匀成淡奶油奶酪汁（稍有结块无妨）备用。
3 在意大利面锅中注入八分满的水，加入 1 小匙的盐和橄榄油煮沸，将面下锅，加盖大火煮滚后续煮 6 分钟。
4 取一平底锅，放入橄榄油加热，放入蒜头和培根炒至焦香。
5 加入 2 煮滚，再以小火浓缩到一半的量后离火。
6 将 1 分成三次慢慢加入，并快速拌匀（避免变成蛋花）。
7 回到炉上，以小火加热，放入面条，加入无盐黄油、柠檬汁和香芹碎拌匀，并以盐和胡椒调味。
8 盛盘，并加以装饰即完成。

超喜欢奶油蛋汁面的我，为了保持身材，忍痛不吃它十几年了。相信不只是我，许多朋友也很爱，当年创店时，它可是人气料理之一，从加点次数就知道热卖盛况。传统的培根蛋汁面蛋滑、脂香、味浓，让人食指大动、欲罢不能，但容易腻口、难消化。为了让培根蛋汁面能重新回到我的美食清单内，特别设计了这款轻量配方，再佐以青柠解腻，并增添清新风味，让整道料理热量减低、风味更提升。不过，奉劝你还是要克制，这款面一旦入口很难停嘴，虽然已是轻量配方，吃太多还是会胖的呦。

LIME, PEPPERED HAM AND ZUCCHINI SPAGHETTI

黄柠檬胡椒火腿节瓜薄荷面

烹饪器具

意大利面锅 1 支、小平底锅 1 支

材料

意大利 5 号面 200g

黄柠檬胡椒火腿（切小丁）120g

节瓜（切小丁）120g

蒜头（切碎）3 瓣

洋葱（切小丁）30g

柳橙（皮末）1 颗

帕玛森干酪 适量

无盐黄油 10g

核桃油 2 大匙

海盐 适量

胡椒 适量

做法

1 在意大利面锅里注入八分满的水，加入 1 小匙的盐和橄榄油煮沸，将面下锅，加盖大火煮滚后续煮约 6 分钟。

2 取一平底锅，放入无盐黄油和核桃油加热，放入蒜头和火腿炒至焦香。

3 放入洋葱和节瓜，炒干水分，使之略呈焦黄色。

4 放入面条拌炒均匀，再加入盐和胡椒调味。

5 盛盘后刨上柳橙皮末和帕玛森干酪即可。

某天，我意外发现了一款裹着强烈胡椒、青柠和黄柠檬皮末的生火腿，原以为是咸重口味，尝起来竟格外的咸香清雅，让我立刻买单外，更为它创造出这道清爽却又让人惊喜的食谱。除了生火腿外，这道意大利面还有另一个亮点，那就是柳橙。舍弃柠檬改用柳橙之后，瞬间爆发的果香，打破了意大利面予人的浓腻奶脂味和火腿、香肠、香料的普遍印象，成为一款云淡风轻却又滋味隽永的别致面款。喔！对了，今天还用上了先生出差回来送的新礼物——纯正的加州核桃油——来取代橄榄油，浓郁的核果风味为这道料理再加100分！

TAGLIATELLE WITH MUSHROOMS, SAGE AND CREAM SAUCE

蒜香鲜菇酱汁鸟巢面

烹饪器具

意大利面锅 1 支、平底锅 1 支

材料

鸟巢面（Tagliatelle）200g

蒜头（切碎）2 瓣

新鲜香菇（综合菇类更好，切半）150g

鼠尾草（Sage，切碎）8g

烹调用淡奶油 200ml

鸡高汤或蔬菜高汤 适量

无盐黄油 20g

橄榄油 2.5 大匙

盐 适量

胡椒 适量

做法

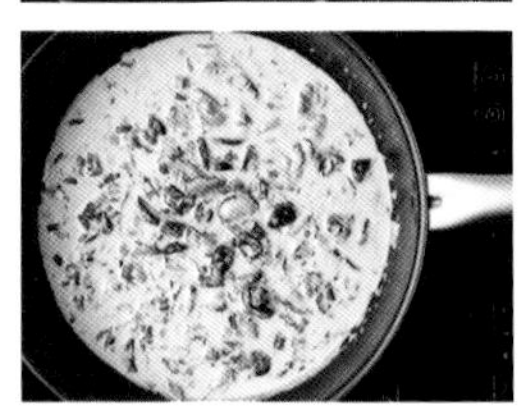

1 在意大利面锅中注入八分满的水，加入 1 小匙的盐和橄榄油煮沸，将面放入，加盖煮滚后以中大火煮约 5 分钟（避免过烂，须保留面心）。

2 平底锅放入 2 大匙的橄榄油加热，放入香菇，以中大火拌炒至水分蒸发，再加入半大匙橄榄油，将蒜头和鼠尾草以中火炒至焦香。

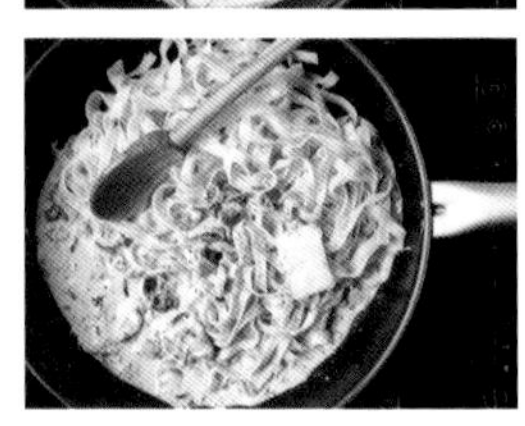

3 加入淡奶油和高汤，用中大火煮约半分钟。

4 放入面条和奶油拌匀，最后以盐和胡椒调味、装饰即完成。

蕈菇的营养丰富，可以抑制胆固醇、促进血液循环、防止动脉硬化、降血压……益处多不胜数，而且跳上我家餐桌的几率高达八成。这道鲜菇意大利面加了高汤和鼠尾草提味，清爽中仍保有浓醇香，而且既高纤又营养。建议你可以常备多种不同菇类，就可以搭配出美味的无肉料理，少点外食，多点健康，精神体力自然会更好喔！

VANILLA, MULBERRY CREAM RISOTTO
香草桑果奶油炖饭

烹饪器具

平底锅 1 支、酱汁锅 1 支

材料

意大利米（Risotto）200g
桑葚（将一半的量剖半）80g
红葱头（大，切碎）1 颗
烟熏培根（切条）150g
白酒 适量
小卷（切圈）100g
香草荚（剖半后将籽取出）半支
牛高汤 360ml
烹调用淡奶油 60ml
白兰地 30ml
帕玛森干酪 适量
无盐黄油 10g
橄榄油 2 大匙
盐 适量
胡椒 适量

做法

1 取一小锅加入水、少许盐和白酒煮滚，放入小卷快速汆烫半分钟后取出冲冷水备用。
2 取一平底锅，放入 2 大匙橄榄油加热，放入红葱头和培根，以中火煎炒至焦黄。
3 续加入米，用中大火煮 1 分钟，先加入 300ml 的牛高汤和香草籽煮滚（须加盖），再以小火炖熟（可视情况增减高汤，其间须不时搅拌，并注意保有米心，切勿过烂）。
4 拌入淡奶油和白兰地，最后加入奶油、盐和胡椒调味。
5 炖饭盛盘，撒上干酪，放上桑葚和装饰即可上桌。

很难想象香草和莓果也可以做成炖饭吧？这道炖饭采用上好的烟熏猪五花，具有特殊的油脂香与焦化感，与香草交织出巧妙的新滋味。再破例使用了牛高汤与白肉海鲜的组合，不仅味道协调且更丰富浓郁，起锅前缀以白兰地，让尾韵突出，而桑葚的微酸和果香带来了强烈的后劲，可说是一道既清爽又别致的新潮炖饭。

GNOCCHI WITH SEMI-DRY TOMATOES IN OIL, SAGE AND MOZZARELLA CHEESE

油渍风干西红柿鼠尾草风味马铃薯面疙瘩

烹饪器具

意大利面锅 1 支、平底锅 1 支

材料

马铃薯面疙瘩（Gnocchi di patate）250g

蒜头（切碎）两瓣

小西红柿（剖半）80g

油渍风干西红柿（切条）30g

核桃（切碎）20g

鼠尾草（切丝）6 片

水牛马苏里拉奶酪（切块）100g

无盐黄油 20g

橄榄油 3 大匙

盐 适量

胡椒 适量

做法

1 在意大利面锅中注入八分满的水，加入 1 小匙的盐和橄榄油煮沸，将马铃薯面疙瘩放入，加盖煮滚，再以中大火煮 3 分钟至漂起，捞出沥干备用。

2 取一平底锅，放入 2 大匙橄榄油加热，放入蒜头、油渍风干西红柿，以中火炒至焦黄。

3 续加入 1 大匙橄榄油，将小西红柿和核桃碎以大火炒半分钟。

4 加入面疙瘩、鼠尾草和无盐黄油炒匀。

5 加入盐和胡椒调味后盛盘，再放上水牛马苏里拉奶酪即可。

意式面疙瘩一直以来深受大家的喜爱，其美味秘诀来自面疙瘩的Q弹口感和香浓的酱汁。新鲜的鼠尾草香气独特迷人，与水牛马苏里拉奶酪搭配，显得风味独特又协调。加入我和儿子都爱的油渍风干西红柿，让充满乳脂的面条中带着一丝清爽的酸甜，风味和口感都好得没话说。

GNOCCHI WITH SEMI-DRY TOMATOES IN OIL, SPINACH AND RICOTTA CHEESE

油渍风干西红柿菠菜奶酪包馅大面疙瘩

烹饪器具

意大利面锅 1 支、平底锅 1 支

材料

包馅大面疙瘩（Gnocchi）12 颗

蒜头（切碎）2 瓣

小菠菜 120g

油渍风干西红柿（切条）60g

瑞可塔奶酪（Ricotta cheese）200g

鸡高汤 适量

无盐黄油 20g

橄榄油 2 大匙

盐 适量

胡椒 适量

做法

1 在意大利面锅中注入八分满的水，加入 1 小匙的盐和橄榄油煮沸，将包馅大面疙瘩放入，加盖煮滚后以中大火煮约 12 分钟。

2 取一平底锅，放入 2 大匙橄榄油加热，放入蒜头、油渍风干西红柿，以中大火炒香，再加入小菠菜，用大火炒软。

3 加入瑞可塔奶酪（Ricotta cheese）和鸡高汤拌匀。

4 加入大面疙瘩和奶油，再以盐和胡椒调味，最后加以装饰即可。

特别喜欢包馅大面疙瘩的饱满口感，而且还有松露、牛肝蕈、奶酪等多种风味，怎么都吃不厌，三不五时就要煮来打打牙祭。这一款面点使用了意大利面的最佳拍档，也是我家的最爱——微酸的油渍风干西红柿、鲜嫩绿意的小菠菜和淡雅不腻的瑞可塔奶酪（Ricotta cheese），交融的香气化在嘴里久久不散，是充满浓郁风味的意大利面，而且简简单单就能成就心满意足的一餐。

MEDITERRANEAN STYLE PASTA

地中海风意大利面

烹饪器具

意大利面锅 1 支、中型平底锅 1 支、料理机或均质机

材料

意大利 5 号面 200g
蒜头（切碎） 2 瓣
小西红柿（去籽切块） 140g
小辣椒（切片） 1 根
绿、黑橄榄（切片） 共 50g

青酱：
- 蒜头 2 瓣
- 罗勒（摘下叶片） 20 片（预留 2 朵装饰）
- 帕玛森干酪（略切） 20g
- 橄榄油 5 大匙

橄榄油 2 大匙
盐 适量
胡椒 适量

做法

1 将蒜头、罗勒和干酪放入料理机中打碎，边打边加入橄榄油混合，最后加入盐和胡椒调味。
2 在意大利面锅中注入八分满的水，加入 1 小匙的盐和橄榄油煮沸，将面放入，加盖煮滚后以中大火煮 6 分钟备用。
3 取一平底锅，放入 2 大匙橄榄油加热，放入蒜头、小辣椒，以小火拌炒上色后，再加入西红柿、橄榄以中火拌炒。
4 拌入面条和青酱（过干时可加入些许煮面水调整），最后加盐和胡椒调味。
5 盛盘后，将预留的罗勒叶作为盘饰。

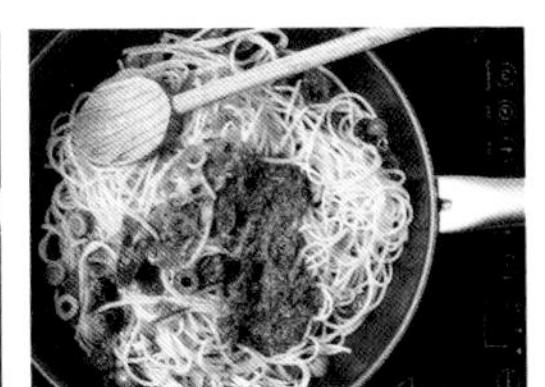

这道充满了地中海阳光和热情的意大利面，是我在普罗旺斯初学厨艺美好岁月的记录。地中海区的特色食材，如大蒜、橄榄、西红柿和罗勒等，都不是昂贵高级的食材，但论其美味却不减分。做这一道面点一定要记得多加点蒜头，因为蒜头的呛辣劲道与橄榄的浓郁悠长正是这道菜的灵魂所在，不断续盘是必然的！

TAGLIATELLE WITH MUSHROOMS AND SAUSAGES

蒜香杏鲍菇香肠酱汁鸟巢面

烹饪器具

意大利面锅 1 支、平底锅 1 支

材料

鸟巢面 200g

蒜头（切碎）2 瓣

小辣椒（去籽切碎）1 支

香肠（去肠衣后捣碎）1 条

杏鲍菇（切片）120g

意大利香芹（Italian parsley，摘下叶子切碎）10g

烹调用淡奶油 200ml

鸡高汤 适量

无盐黄油 20g

橄榄油 2 大匙

盐 适量

胡椒 适量

做法

1 在意大利面锅中注入八分满的水，加入 1 小匙的盐和橄榄油煮沸，将面放入，加盖煮滚后以中大火煮 6 分钟。

2 在平底锅中放入 1 大匙橄榄油加热，放入杏鲍菇，以中火炒至水分蒸发且焦黄上色。

3 加入蒜头、辣椒拌炒。

4 再放入 1 大匙橄榄油加热，放入香肠，以中火拌炒至焦香。

5 加入淡奶油和鸡高汤，煮滚后以中火拌炒约 1 分钟。

6 放入面条和无盐黄油拌匀（可以煮面水调整干湿度）。

7 起锅前加入意大利香芹，并以盐和胡椒调味。

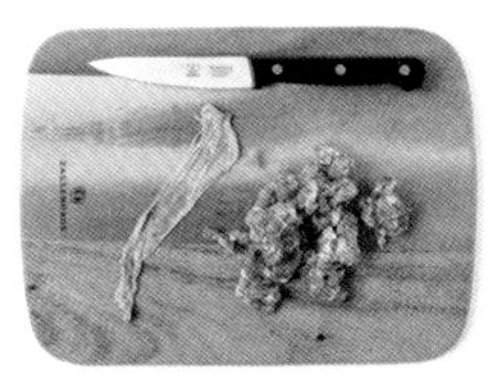

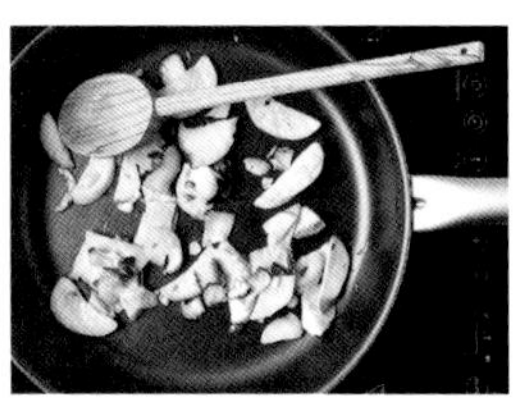

宽而扁平的鸟巢面，富有嚼劲且适合搭配各种酱汁，尤其适合浓郁的奶油酱料。杏鲍菇与意式香肠肉末在经过蒜头与辣椒的爆炒后，香辣够味，让人食欲大开。杏鲍菇中的麦角硫因是强大的抗氧化剂，能帮助修复受损的细胞，是我家餐桌上的常客。这道意大利面非常够味，且大人、小孩都会喜欢，值得你好好学起来，快速就能变出美味的一餐。

PASTA WITH GARLIC AND BACON

香蒜培根意大利面

烹饪器具

意大利面锅 1 支、平底锅 1 支

材料

意大利 5 号面 200g

蒜头（切碎）3 瓣

小辣椒（切片）1 支

培根（切粗条）100g

罗勒（摘下叶片）5 支（另备 2 朵装饰）

无盐黄油 20g

橄榄油 2 大匙

帕玛森干酪 随个人喜好

盐 适量

胡椒 适量

做法

1 在意大利面锅中注入八分满的水，加入 1 小匙的盐和橄榄油煮沸，将面放入，加盖煮滚后以中大火煮 6 分钟后备用。

2 取一平底锅，放入 2 大匙的橄榄油加热，再放入培根，以大火快炒 2 分钟至焦香。

3 放入蒜头和小辣椒，以中火拌炒 2 分钟。

4 拌入面条和罗勒叶大火快炒，并加入盐和胡椒调味。

5 再以罗勒叶装饰即完成，食用时可依个人喜好撒些帕玛森干酪。

以蒜头、辣椒爆炒咸香培根，香气四溢，加上微辛的口味刺激味蕾，让人一口接一口，欲罢不能。这是一道可以快速上桌又接受度很高的料理，最好能再做一份轻食沙拉，补充每日膳食纤维，就是完美的一餐。

TAGLIATELLE WITH BEEF, MUSHROOM AND DIJON MUSTARD

蒜香鸿喜菇芥末牛肉酱汁宽面

烹饪器具

意大利面锅 1 支、平底锅 1 支

材料

菠菜鸟巢宽面 220g

蒜头（切碎）2 瓣

小辣椒（去籽切碎）1 ~ 2 支

牛柳（切片状）150g

鸿喜菇（切除根部清洗沥干后剥开）2 盒

烹调用淡奶油 200ml

法式芥末酱 2 大匙

牛高汤 适量

龙蒿（Tarrago，摘下叶片切碎）3 支

无盐黄油 20g

橄榄油 2.5 大匙

帕玛森干酪 随个人喜好

盐 适量

胡椒 适量

做法

1 在意大利面锅中注入八分满的水，加入 1 小匙的盐和橄榄油煮沸，将面放入，加盖煮滚后以中大火煮 7 分钟。

2 取一平底锅，放入 2 大匙橄榄油加热，放入鸿喜菇，以中大火炒至水分蒸发且干香，再将蒜头、辣椒下锅，以大火爆炒一下。

3 再加入半大匙橄榄油加热，放入牛柳大火炒约 1 分钟至焦香，并加入适量的盐和胡椒使其入味。

4 加入牛高汤、淡奶油和法式芥末酱，用中火煮约半分钟，放入面条拌匀。

5 最后加入无盐黄油，撒上龙蒿，用大火拌炒，加盐和胡椒调味，并依个人喜好撒上帕玛森干酪。

吃过法式芥末与龙蒿组合成的牛柳意大利面吗？这可是我的独门秘方，不仅风味独特而罕见，还蕴藏了丰富的营养素，像是可以给你满满精力的牛肉，还有富含膳食纤维和多糖体的鸿喜菇（用柳松菇也非常适合），可以提高免疫力，让你头好壮壮。还不赶快下厨做做看，这道难得一见的豪华风意大利面正等着你来尝鲜喔！

PORCINI RISOTTO WITH BAKED TOMATO

牛肝蕈奶酪炖饭与炉烤奶油西红柿

烹饪器具

小烤盅 1 个、平底锅 1 支、烤箱

材料

意大利米 200g

炉烤西红柿
- 小西红柿 80g
- 蒜头（切碎）1 颗
- 黄油 20g

蒜头（切碎）1 颗

红葱头（切碎）1 颗

洋葱（切丁）80g

干燥牛肝蕈（Dried Porcini，用热水泡软后切条状）15g

白酒 50ml

鸡高汤 300ml

淡奶油 60ml

帕玛森干酪（刨成粉末状）10g

松子 8g

橄榄油 3 大匙

盐 适量

胡椒 适量

做法

1 烤箱以 180℃预热至少 10 分钟。

2 将西红柿放入小烤盅，加入黄油、蒜头、盐和胡椒烤 20 分钟。

3 取一平底锅，以小火加热烘烤松子至出香气，取出后放冷。

4 同锅放入 2 大匙橄榄油加热，将牛肝蕈、另一颗蒜头、红葱头、洋葱碎以中火炒至焦香。

5 加入白酒和泡菇水以大火煮滚，再以中火浓缩 1 分钟。

6 再加入 1 大匙橄榄油加热，放入米，以小火拌炒 2 分钟。

7 加入鸡高汤煮滚后续以小火加盖炖煮至熟（其间须不时搅拌，仍须保有米心，不可过烂）。

8 加入淡奶油和帕玛森干酪拌炒均匀，再以盐和胡椒调味。

9 炖饭盛盘，放上炉烤西红柿与松子即可。

牛肝蕈是欧洲料理中经常使用的蕈类，香气浓厚饱满，料理花样丰富，是百搭的食材。这道吸饱牛肝蕈香味的奶油炖饭，配上蒜味黄油烤西红柿，浓浓的奶香里带着微酸的层次感，滋味巧妙有趣，是道材料简单却美味的周末晚餐新选择。

LINGUINE WITH TOMATOES, PORCINI AND CAPERS

西红柿酸豆意大利面

烹饪器具

意大利面锅 1 支、平底锅 1 支

材料

宽扁面（Linguine）200g
蒜头（切碎）2 瓣
洋葱（切小丁）80g
小辣椒（切末）1 支
油渍风干西红柿（切细条）32g
干燥牛肝蕈（用热水泡软后切条状）15g
酸豆（Caper）16g
松子 12g
无盐黄油 20g
橄榄油 2 大匙
帕玛森干酪 随个人喜好
盐 适量
胡椒 适量

做法

1 在意大利面锅注入八分满的水，加入 1 小匙的盐和橄榄油煮沸，将面放入，加盖煮滚后以中大火煮约 7 分钟。
2 取一平底锅，放入松子，以小火烘烤约 1 分钟，取出放冷。
3 同锅放入 2 大匙的橄榄油加热，将洋葱、蒜头、辣椒用小火炒至焦香。
4 放入油渍风干西红柿、牛肝蕈和酸豆大火拌炒。
5 放入面条大火拌炒均匀，并加盐和胡椒调味（可用泡菇的水调整干湿度）。
6 盛盘后撒上松子、帕玛森干酪，并装饰即可。

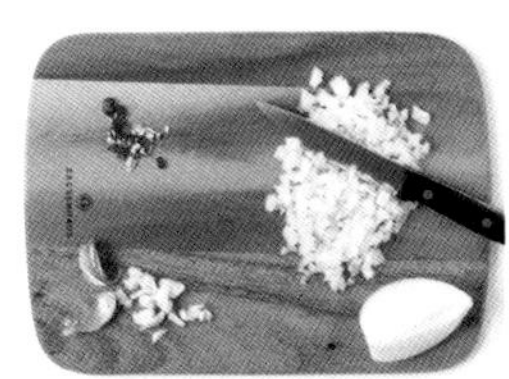

酸豆是一种果实，果肉尚未成熟时较酸，成熟后较甜，在许多料理中担任画龙点睛的角色。加了酸豆，不但能增加风味和口感，还能去油解腻，好处多多。这道从家里常备干货中取得灵感的美味意大利面，香气逼人，滋味满分。其实，只要运用常见的几种西式食材，在家就能轻松创造好味道，而且吃得更健康、更满足，这就是我设计这道面点的用意。

AVOCADO, CARAMELIZED RED ONION RISOTTO

焦糖红洋葱酪梨奶油炖饭

烹饪器具

酱汁锅 1 支、小平底锅 1 支

材料

意大利米 200g

蒜头（切碎）2 颗

白酒 100ml

鸡高汤 360ml

酪梨（切丁）1 颗（预留数片装饰用）

黄柠檬或柠檬（取皮末后榨汁）半颗

帕玛森干酪（刨成粉状）15g

欧芹（摘下叶片切碎）5 支

腰果 12 个

糖煮红洋葱

- 红洋葱（小，切丝）1 颗
- 陈年白酒醋（Aged white wine vinegar）3 大匙
- 水 60ml
- 糖 2 大匙

无盐黄油 20g

橄榄油 3.5 大匙

盐 适量

胡椒 适量

做法

1. 取一酱汁锅，将〔糖煮红洋葱〕的材料和半大匙橄榄油以中火煮滚，再转小火加盖续煮 20 分钟至软稠状后离火备用。
2. 取一平底锅加热，以小火烘烤腰果 1 分钟后取出放冷。
3. 同锅放入 3 大匙橄榄油加热，放入蒜头和米，以中火拌炒约 2 分钟。
4. 加入白酒，以中大火煮约 1 分钟，再逐次加入鸡高汤（期间须不时搅拌）。
5. 以小火加盖炖煮至熟（但仍须带有米心，不可过烂）。
6. 加入酪梨、柠檬汁（皮末）与奶酪一起拌匀。
7. 最后拌入无盐黄油、欧芹碎，并加盐和胡椒调味。
8. 炖饭盛盘，放上腰果、酪梨、糖煮红洋葱和欧芹装饰即可。

当酪梨奶脂的香滑绵细遇上糖煮红洋葱的甜蜜丝滑，打破了过往的饮食体验，又让你的口中带有一抹柠檬的清新微酸，以及充盈齿颊的坚果香气，保证能满足你挑剔的味蕾。

PENNE WITH PORCINI, SAUSAGE & SAGES

牛肝蕈香肠鼠尾草笔尖面

烹饪器具

意大利面锅 1 支、平底锅 1 支

材料

笔尖面（Penne）200g

蒜头（切碎）2 瓣

洋葱（切丁）50g

小辣椒（切丁）1 支

香肠（挤出肠衣后捣碎）1 条

干燥牛肝蕈（热水泡软后切条状）12g

小西红柿（剖半）120g

鼠尾草（切碎）4g

帕玛森干酪 随个人喜好

无盐黄油 20g

橄榄油 2.5 大匙

盐 适量

胡椒 适量

做法

1 在意大利面锅中注入八分满的水，加入 1 小匙的盐和橄榄油煮沸，将面放入，加盖煮滚后以中大火煮约 12 分钟，须保留面心，别过软烂。

2 取一平底锅，放入 2 大匙油加热，放入香肠，以中大火干煸炒香，再加入半大匙橄榄油，放入蒜头、小辣椒、洋葱、西红柿，以中火拌炒至焦黄。

3 加入牛肝蕈、泡菇水，以中大火煮半分钟。

4 加入笔尖面、鼠尾草和奶油大火拌炒，最后加入盐和胡椒调味，并依个人喜好撒上帕玛森干酪。

笔尖面是我年少时的最爱，一来特别有咬劲，二来管内会塞满浓浓的酱汁，嗯~可以毫无顾忌地吃下一大盘，虽满足了口腹之欲，但随之而来的满满脂肪……反正年轻，谁管那么多呢！说到牛肝蕈，还真是便宜又大碗的上好食材，论香气，绝不输给贵松松［编辑注：闽南语音译而来，是当地人用揶揄的口气表达昂贵的意思］的羊肚菇，不论拿来做酱汁、蘑菇汤或炒盘意大利面，光是香气就让人折服。这道用了牛肝蕈、香肠肉碎和鼠尾草的意大利面，只要30分钟就可完成，虽然做法简单，但论其风味可一点都不马虎喔！

QUICHE LORRAINE

洛林咸塔

烹饪器具

烤箱、平底锅 1 支、22cm 烤模 1 个

材料

塔皮

- 低筋面粉 110g
- 盐 少许
- 无盐黄油（切成小块）75g
- 蛋黄（打散）1 颗
- 水 1.5 大匙（可视状况增减）

蛋奶汁

- 烹调用淡奶油 125ml
- 蛋（打散）2 颗
- 肉豆蔻粉 2 小匙

内馅

- 无盐黄油 12g
- 培根（丝）75g
- 洋葱（丝）150g
- 橄榄油 2 大匙
- 盐 适量
- 胡椒 适量

做法

1 烤箱以 180℃预热至少 10 分钟。

2 制作〔塔皮〕面团：

（1）将低筋面粉和盐一起过筛入搅拌盆中，在中间做一个凹槽，将奶油块用手指的温度与粉类抓匀。

（2）加入打散的蛋汁和水，与粉类慢慢混合。

（3）揉捏至表面光滑后包上保鲜膜，放入冰箱冷藏醒约 30 分钟。

3 制作〔蛋奶汁〕：将蛋打散，加入淡奶油和肉豆蔻粉混匀。

4 在料理台上撒上面粉，放上塔皮面团擀成大薄片，再利用擀面棍将大薄片卷起铺放在圆形烤盘上，修饰掉边缘多余的面团。

5 用叉子在塔底戳些气孔，防止鼓胀。

6 制作〔内馅〕：取一平底锅，放入无盐黄油和橄榄油加热，以中火炒培根至焦黄，再放入洋葱炒软成焦黄色，加入盐和胡椒调味后倒入做好的塔皮内。

7 淋上 3，放入烤箱以 180℃烤约 40 分钟。

咸塔（派）是法国的国民美食，口味众多，洋葱培根口味是经典款，另外鲑鱼菠菜或素食的炖蔬菜也都很普遍。美味的咸塔不只可当点心果腹，也可以当主餐食用，更是野餐时的最佳良伴。学会这道菲比的洛林咸塔是一定要的，塔皮又酥又香，内馅的炒制工法也不马虎，一入口仿佛置身巴黎街头，至少，我常借此思念巴黎。

CROQUE MADAME & CROQUE MONSIEUR

克拉克三明治

烹饪器具

烤箱、酱汁锅 1 支

材料

全麦吐司 3 片

第戎芥末酱 适量

熟火腿片 2 片

奶酪片 1 片

帕玛森干酪 适量

面糊奶酱：
- 无盐黄油（切成小块）25g
- 面粉 1.5 大匙
- 牛奶 50ml（也可用一半的淡奶油取代，更香滑）
- 蛋黄（打散）1 颗
- 葛瑞尔或爱曼塔奶酪丝 50g
- 辣椒粉 少许

无盐黄油（涂抹用） 适量

盐 适量

胡椒 适量

做法

1 烤箱以 200℃预热至少 10 分钟。

2 制作〔面糊奶酱〕：

（1）将黄油放入酱汁锅以小火融化，再加入面粉拌炒。

（2）离火后慢慢加入牛奶搅拌均匀，再依序放入蛋黄、20g 奶酪丝和辣椒粉混匀成奶酱。

3 在吐司上涂一层薄薄的黄油，放入烤箱约 1 分钟后取出。

4 先抹上第戎芥末酱，放上熟火腿，盖上一片吐司，抹上一层面糊奶酱，再放上一片奶酪片，最后盖上一片吐司。

5 在吐司顶撒上剩余的奶酪丝与现刨的帕玛森干酪。

6 放入烤箱烤到焦黄，就是克拉克先生（Croque Monsieur）。

7 若加颗荷包蛋即成了克拉克夫人（Croque Madame）。

年轻时游巴黎总需要节制旅费，否则荷包大失血是很容易的事，因此这道巴黎餐酒馆里的红牌料理便成了我的旅行美食，既容易取得又有饱足感。在法国学会这道料理后，理所当然将其列入刚起步的餐厅菜单上，唯当年的食材取得不易和人手考量，做了较简化的调整，但仍不减它的美好风味和超人气的点单率，也是当年全台第一家有此料理的咖啡厅。今天我原汁原味地呈现它的做法，不要在肚子饿时随便将就乱吃一通，烤一份热呼呼的克拉克三明治吧（还嫌麻烦的话，可以省略面糊奶酱，仍然很好吃）！

颠覆传统巴黎餐酒馆的新革命

那些被米其林框架压得喘不过气来的高级餐厅，包袱沉重，创意阑珊，渐渐让我们这群吃货们感到失望和无趣，所幸近年来巴黎的餐酒馆兴起了一波波革命性的改变，让我们得以继续兴趣盎然地开吃创新美食。

这些投身餐酒馆新革命的新血轮[1]，多半已在餐饮业学习多年，曾经的要好同事如今成为创业伙伴，一主外（或为经营者，或为外场管理、品酒师等），一主内（厨师团队），共同打造一个新的未来。这些新创餐酒馆少了奢华的排场和八股又刻板的图腾印象，他们更自由奔放，更天马行空，毫不犹豫地打破百年来的窠臼，换来的是更为专业且大胆的菜色，以及现代感又带着个人风格的装潢，甚至祭出品酒师的现场专业服务，简直逼近高级餐厅的标准（也反映出他们对未来的憧憬），但价格仍合理适中，唯场地规格当然大不了，餐具也无法如高级餐厅般讲究。

这群年轻厨师们的热情和企图心旺盛，绝不会在餐盘里妥协或偷斤减两。他们的表现让人眼睛一亮，鲜活的创意在盘上飞舞跳跃，充满生命力和酷劲，从这样的料理之中，你不仅能品尝到美味与新意，更能感动于他们的用心，这就是我近两年来大大推举的巴黎饮食新印象，无非希望给这群年轻人更多的支持和鼓励，巴黎毕竟需要一些改变，一些新血轮的加入。我们乐见它的成长，以及它美丽的蜕变。

初夏的巴黎夜晚，天光直到晚上九点钟才告别，万家灯火慢慢点亮巴黎之际，也正是餐酒馆们活力的开始。也许又一转弯，偶一街角，抑或是方形砖一路砌成的深巷底，总会找到一间属于自己的餐酒馆，随时迎接着每个归来的身影，抚慰着每个妄想稍歇的心灵，共同融入在杯影交错的人声鼎沸中。

1　编辑注：此处作者欲表达有新一代的轮替之意。

上图为刚获米其林星的Accents主厨Romain Mahi（左）和Ayumi Sugiyama（右）。
下图为Bon Marchè的LA TABLE团队，由主厨Cédric Erimée带领。

鲜活的创意在盘上飞舞跳跃，
充满生命力和酷劲，
你不仅能从中品尝到美味与新意，
更能感动于他们的用心。

不论招牌上写的是 Reataurant、Bistro、Café 或 Brasserie，它们都是巴黎餐酒馆。这里有着我最熟悉的味道，有着我最深切的记忆，有着我与巴黎最深的爱情，在每个日夜，生生不息地闪耀在巴黎的景致中。

最接地气的旅程就是亲自体验它们，让自己为它们写下记忆。还在担心踩到地雷？还在怀疑网上的推荐是否可信？又何妨呢？旅行中不管遭遇什么，都将成为我们生命中美好又特别的一页，是一篇篇此生难得、今生难再遇的生命故事。但愿你跟我一样，恋上巴黎，一辈子。

● 关于 Fusion

闻到香茅就联想到泰国，而昆布则是日本料理常见的食材，这些食材怎么会用在法国料理中呢？难道这就是所谓的复合式料理吗？常常有人这么问我，让我不禁想聊聊关于“Fusion”的问题。

Fusion 用在料理方面通常被翻译成“复合式”“融合”料理，但我认为 Fusion 的意义不仅于此。要定义一道菜是什么料理，绝不能忽略了烹调的工法，而非单从食材运用和风味呈现上来看，所以并非把各国食材混搭、复合就算是 Fusion 了。以炒菜来说，中式、泰式或越式都有炒菜，但料理手法、风味等却各有不同，使我们能够分辨其中的差异，也因此我们不会把神厨侯布雄（Joël Robuchon）用香茅做的酱汁称为泰国菜，不是吗？

因着国际交流与跨界互动，使得料理越发精彩，充满想象和创意，这才是 Fusion，饮食在 Fusion 催化下呈现了美好的融合。想要创作出更多好味道，就要经常保持好奇心，善用并锻炼我们的五感，找寻天马行空的创意和味道，千万别怕冒险，做出让人惊艳和难以想象的料理便不再是难事！

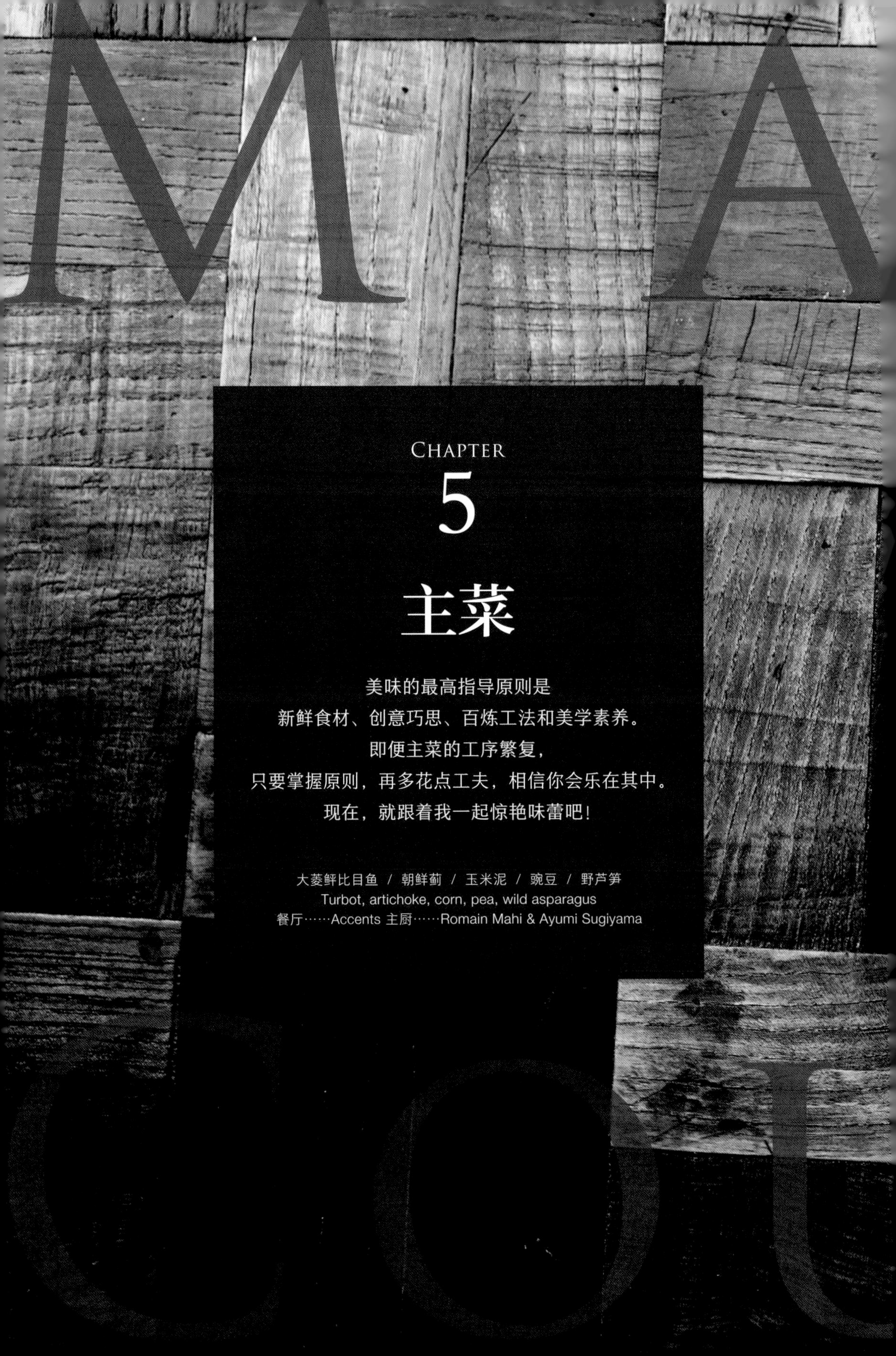

CHAPTER

5

主菜

美味的最高指导原则是
新鲜食材、创意巧思、百炼工法和美学素养。
即便主菜的工序繁复，
只要掌握原则，再多花点工夫，相信你会乐在其中。
现在，就跟着我一起惊艳味蕾吧！

大菱鲆比目鱼 / 朝鲜蓟 / 玉米泥 / 豌豆 / 野芦笋
Turbot, artichoke, corn, pea, wild asparagus
餐厅……Accents 主厨……Romain Mahi & Ayumi Sugiyama

BAKED DUCK BREAST WITH BERRIES AND BLACKCURRANT SAUCE

香烤鸭胸佐黑加仑迷迭香酱汁

烹饪器具

烤箱、平底锅 2 支、酱汁锅 1 支

材料

鸭胸 300g

红酒 50ml

黑加仑果酒（Crème de Cassis）100ml

迷迭香（摘下叶片切碎）1 支

百里香（摘下叶片切碎）1 支

陈年红酒醋 3 大匙

蜂蜜 2 大匙

糖 2 大匙

蘑菇（切薄片）30g

黑枣 6 颗

腌料：

- 红酒 80ml
- 辣椒油 1 小匙
- 柠檬油 1 小匙
- 盐 适量
- 胡椒 适量

无盐黄油 10g

橄榄油 1.5 大匙

盐之花 适量

胡椒 适量

做法

1 烤箱以 200℃预热至少 10 分钟。

2 用盐和胡椒将鸭胸正、反面腌渍 10 分钟备用。

3 黑枣混入〔腌料〕，以小火煮 3 分钟后浸泡备用。

4 取一酱汁锅，倒入红酒、陈年红酒醋、黑加仑果酒、迷迭香和百里香，以中火煮滚后浓缩至 2/3 的量，再加入蜂蜜和糖，用小火煮至浓稠状，起锅前加入黄油、盐和胡椒调味备用。

5 取一平底锅，放入半大匙的橄榄油加热，放入蘑菇干煸至焦黄色，并以盐和胡椒稍加调味。

6 另取一平底锅，放入 1 大匙的橄榄油加热，放入鸭胸（皮面朝下），以中大火煎至金黄色，再翻面续煎至焦黄，起锅前撒上盐之花，然后放入烤箱烤 8 分钟。取出后覆盖铝箔纸（雾面朝向鸭胸），静置 5 分钟后再切片。

7 盛盘，淋上酱汁，再排上莓果等装饰即可。

法国开胃酒Kir Royal系将香槟调入黑加仑果酒，是我的最爱，也是我与法国的定情之物。它的风味香甜，不论运用在料理里、甜点里，抑或是绵绵的情话里，总能增添无限浪漫。在这道料理中，我运用它来制作酱汁，将满满的紫色爱恋隐藏在华丽之中！Enjoy that!

SCALLOPS AND CAVIAR WITH CAULIFLOWER CREAM SAUCE

缤纷鱼子大干贝佐白花椰奶酱

烹饪器具

酱汁锅 1 支、料理机

材料

大干贝 8 个
白花椰菜（切下花朵部分）150g
姜（切片）2 片
鸡高汤 350ml
胡椒粒 少许
西芹（削皮，切段）50g
红甜菜（买现成已熟即可，切圆薄片）20g
原味酸奶 50ml
（亦可加入些 Cream fresh，风味更浓郁）
烹调用淡奶油 约 30ml
黄柠檬（汁）1/3 颗
鱼子酱 10g
法国 Pimentd' espelette A.O.P. 辣椒粉 1 小匙
松子 5g
各式有机食用花草 适量
橄榄油 少许
盐之花 少许
胡椒 少许

做法

1 将鸡高汤、姜片、些许盐和胡椒粒煮滚，放入干贝快速烫熟后取出，待稍冷后横切成 3 片保温备用。
2 原锅放入白花椰菜和西芹段（西芹段烫熟后冲一下冷水，须保持鲜脆度，花椰菜则务必煮至软烂）。
3 将西芹捞出，切小丁备用。
4 将花椰菜捞出（不须刻意沥干水分），放入料理机（视情况可加入适量高汤方便搅打），加入酸奶和黄柠檬汁打成乳状，然后加入淡奶油混匀（可以淡奶油来调节浓稠度，无须太稠），再加入盐之花和胡椒，即成奶酱。
5 将干贝片排入盘中呈圆形状，抹上奶酱，撒上辣椒粉，再点上鱼子酱。
6 洒上西芹小丁和红甜菜薄片，装饰食用花草与松子，最后淋上些许橄榄油即可。

平凡的白花椰菜结合鸡汤做成奶酱后，摇身一变成了三星级的美食，蝉联近十年法国星级餐厅的人气食材和酱汁。虽然人气酱汁能赋予料理美味，但还得掌握两项关键步骤，才能让这道料理臻至完美：一是汆烫干贝只需数秒，切勿过久，保持形体和鲜嫩口感很重要；二是摆盘必须有点耐心和美感。

LAMB CHOPS WITH MINT LEMON SAUCE

嫩煎小羔羊排佐薄荷柠檬酱

烹饪器具

平底锅（最好是平底牛排煎锅）1支、料理机

材料

小羔羊排 6 ~ 8 支

薄荷酱
- 薄荷（叶）20片
- 柠檬（汁）半颗
- 糖 1.5 大匙（可依个人喜好）
- 柠檬橄榄油 1.5 大匙

橄榄油 2 大匙

盐 适量

胡椒 适量

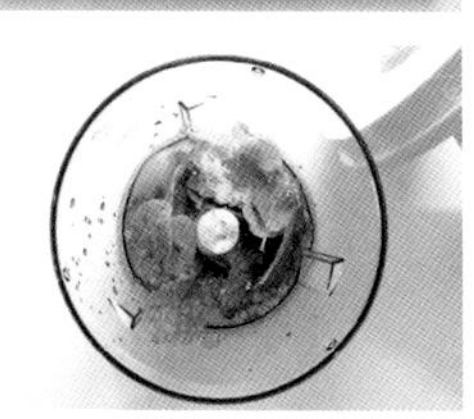

做法

1 修清羊排（取掉筋膜与多余油脂），正、反面腌上盐和胡椒，静置10分钟备用。

2 将〔薄荷酱〕材料放入料理机中打碎，加入盐和胡椒调味备用。

3 取一平底锅，放入2大匙的橄榄油加热，放入羊排，以中大火煎至金黄色，然后翻面续煎（周边亦然，生熟度依个人喜好），盛盘，淋上酱汁即可。

幸福，哪里找?

羊排与薄荷酱是再合适不过的老伙伴。特别为了喜欢薄荷酱的好朋友Renatus写下这份食谱，自制酱汁的风味与精致度自不在话下，现做现吃的新鲜和幸福感更是外食所无法匹敌的。

幸福，就藏在日常生活里！把省下的钱贴补在羊排的质量上，这才是最合逻辑与经济的美食法则。若能把羊排修成米其林星级水平，相信你还能赚到满满的掌声喔！

STEWED SALMON WITH LENTILS 'SPANISH STYLE'

西班牙鲑鱼炖扁豆

烹饪器具

平底锅 1 支、料理机或均质机

材料

番红花榛果酱：

- 蒜头（切半）2 瓣
- 欧芹（摘下叶片略切）8 支
- 番红花粉 适量
- 榛果（略切）25g

鲑鱼（切块）240g

蒜头（切碎）2 瓣

洋葱（小，切丁）80g

罐装水煮西红柿 240g

鱼高汤 400ml

罐装绿扁豆（lentil，熟）300g

橄榄油 5 大匙

盐 适量

胡椒 适量

做法

1 将鲑鱼切块，腌上盐和胡椒备用。

2 将〔番红花榛果酱〕材料与 3 大匙橄榄油用料理机打碎，并以盐和胡椒调味备用。

3 取一平底锅，放入 2 大匙橄榄油加热，加入蒜头和洋葱，用中小火拌炒至焦黄。

4 加入罐装西红柿和鱼高汤煮滚，再以小火加盖炖煮约 5 分钟。

5 加入扁豆和 3 大匙的番红花榛果酱，以中火煮滚后转小火加盖炖煮约 10 分钟。

6 加入鲑鱼（小心不要弄碎），用中火加盖煮 5 分钟（记得翻面）。

7 洒上欧芹和碎榛果，再以盐和胡椒调味，并加以装饰即可。

西班牙的鱼鲜料理丰富多变，是西班牙人的骄傲。他们的料理跟大多数的地中海地区相似，喜用甜椒与珍贵的番红花。我特别喜欢西班牙料理特有的风味和风土民情，很庆幸我们有如家人般的西班牙好友Maria，总能尝到他们原汁原味的料理，是不是很羡慕我呀？现在，不用羡慕菲比，立刻下厨做这道能让你重启一天活力的鲑鱼炖扁豆吧！

PAN-FRIED SEABASS WITH LIME AND ALMOND

香柠杏仁奶油鳕鱼

烹饪器具

平底锅 1 支、微波炉、耐热盅 1 个

材料

鳕鱼（或鲈鱼菲力）1 片（约 260g）

黄柠檬（切片）1 颗

澄清黄油 40g

杏仁片 1 大匙

橄榄油 1 大匙

香料盐 适量

胡椒 适量

做法

1 将鳕鱼正、反面腌上盐和胡椒备用。

2 将黄油放入一个耐热盅里，盖上保鲜膜，用微波炉的中大火加热至油、奶分离，然后只取用上层的澄清油脂部分，把下层的奶脂丢弃，即为澄清奶油。

3 取一平底锅加热，将杏仁片稍微烘烤后取出放凉。

4 同锅放入 1 大匙橄榄油和 20g 的澄清黄油加热，再放入鳕鱼，把正、反面煎至焦黄。

5 煎鱼的同时把黄柠檬片放在锅中略煎，然后排放在鱼身上，再取出盛盘。

6 将剩余的 20g 澄清黄油趁热淋在鱼上。

7 撒上杏仁片、香料盐和胡椒即可。

深海鳕鱼的肉质结实、口感Q弹，深得众人喜爱。这道使用很多黄油的柠香煎鱼，制作时满室奶香，引人垂涎，加上微苦微酸的带皮黄柠檬，减轻了油腻感，使香气变得更芬芳宜人，建议食用前撒上香料盐，会更加丰厚美妙。嗯！暂且抛却一天的烦躁，享受当下的美好吧！

PAN-FRIED COD FISH WITH ASPARAGUS AND GREEN SALADE

香煎鳕鱼与绿芦笋柠檬芥末沙拉

烹饪器具

平底锅 2 支、沙拉盆 1 个

材料

鳕鱼（切成 2 片）240g
绿芦笋（削皮切 3 段）6 支
红葱头（切碎）1 颗
小胡萝卜（切薄片）50g
黄柠檬（切片）1 个
莳萝（摘下叶片略切）10g
长棍面包（切大丁）1 条
水 1 大匙
综合沙拉 60g
法式芥末酱 5g
白酒醋 1 大匙
橄榄油 7.5 大匙
糖 1 大匙
盐 适量
胡椒 适量

做法

1 将鳕鱼正、反面腌上盐和胡椒备用。
2 取一平底锅，放入 1.5 大匙橄榄油加热，将面包丁略煎至焦黄，再撒上少许的盐和胡椒调味后取出。
3 同锅加入 1 大匙橄榄油加热，放入绿芦笋和红葱头，用中火煎约 1 分钟，再加入 1 大匙的水，加盖略煮，须保持青脆色泽，然后用少许的盐和胡椒调味，离火备用。
4 将 3 大匙橄榄油、白酒醋、芥末酱、糖、盐和胡椒拌匀做成沙拉酱汁。
5 另取一平底锅，放入 2 大匙橄榄油加热，将鳕鱼正、反面以中大火煎至焦黄全熟，放上黄柠檬片，转中火续煎 1 分钟。
6 取一沙拉盆，将沙拉叶、芦笋、小胡萝卜和莳萝混匀盛盘。
7 放上鱼片和沙拉，再撒上面包丁，浇淋些许 4 即完成。

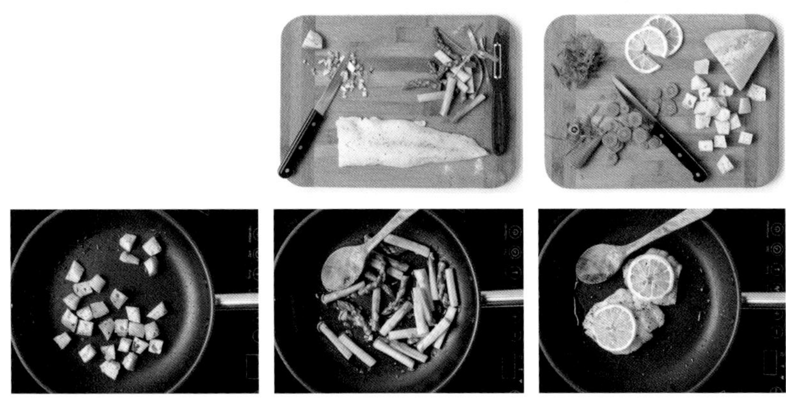

这道菜可以品尝到深海鳕鱼的鲜美滋味，以及当季芦笋沙拉的爽脆可口，而且蕴藏优质的不饱和脂肪酸，又低脂、低热量，是爱美与注重养生的朋友不能错过的料理。

OYSTERS AND CLAMS WITH KOMBU SAKE SAUCE

鲜蚝海瓜子佐昆布清酒苦艾酱汁

烹饪器具

酱汁锅 1 支

材料

生蚝 2 颗

海瓜子 600g

清酒 100ml

昆布 7g

鱼高汤 200ml

烹调用淡奶油 80ml

黄柠檬或柠檬（汁）半颗

苦艾酒 1 小匙

法国 Pimentd' espelette A.O.P. 辣椒粉（可省略）适量

无盐黄油 10g

盐 适量

胡椒 适量

做法

1 取一支酱汁锅，倒入清酒、100ml 的鱼高汤（无盐）和昆布煮滚，放入生蚝和海瓜子快速烫熟后取出，再把肉取下来。

2 过滤汤汁，取 1/3 的量与另 100ml 鱼高汤一起熬煮，浓缩剩一半的量。

3 加入淡奶油和黄柠檬汁浓缩至稠，起锅前加入黄油搅拌均匀，然后以盐和胡椒做最后的调味。

4 盛盘，淋上酱汁，再淋上少许苦艾酒，撒上辣椒粉，并装饰即可。

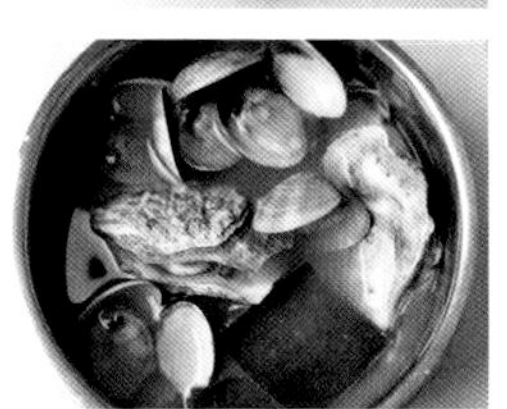

生在海岛地区的我们总能尝到无数鲜美海产，煎、炒、煮、炸样样精彩。今天来一点创意新点子，运用带着茴香和柑橘味的苦艾酒铺陈神秘的东方色彩，再点缀珍贵的Pimentd' espelette A.O.P. 辣椒粉，增添无限美好的想象空间与高贵的味蕾享受，绝对值得一试。

PAN-FRIED TIGER PRAWN WITH PASTIS AND WILD GARLIC SAUCE

烟熏红椒粉茴香酒香煎虎虾佐野蒜酱汁

烹饪器具

平底锅 2 支、料理机

材料

虎虾（任何新鲜大虾皆可，沿着虾背切开去肠泥）2 大只
红葱头（切碎）1 瓣
洋葱（切碎）50g
新鲜野蒜（略切）50g
鸡高汤 80ml
烹调用淡奶油 2 大匙
茴香酒（Pastis）2 大匙
西班牙烟熏红椒粉 1 小匙
无盐黄油 10g
橄榄油 适量
香料盐 适量
盐 适量
胡椒 适量

做法

1 将虎虾用盐和胡椒腌 10 分钟。
2 取一平底锅，放入 1.5 大匙橄榄油加热，以小火炒红葱头和洋葱至焦黄状。
3 加入高汤，大火煮滚后转小火，加盖煮软至洋葱呈透明状，并浓缩至 1/3 量。
4 加入 40g 的野蒜略煮 1 分钟，加入淡奶油、黄油、盐和胡椒调味。
5 将 4 的料用料理机打碎，即成酱汁 A。
6 将剩余野蒜与 50ml 橄榄油放入料理机打碎，即成酱汁 B。
7 另取一平底锅，放入 1 大匙橄榄油加热，放入虎虾，将正、反面均煎至焦黄，再加入茴香酒，以中火加盖煮约 1 分钟至熟。
8 将酱汁 A 盛盘，再随意淋上酱汁 B，再放上虎虾和装饰，撒上些许西班牙烟熏红椒粉即完成（食用前可再撒上些许香料盐，风味更好）。

新鲜大虾淋上大量的茴香酒是我的独门秘方，也是我家餐桌上的常客。这道菜以产季短的野蒜为酱，些微的辛辣感和烟熏红椒相辅相成，形成独特又绝配的滋味。一向Open mind的我，喜欢把内藏的双子生活哲学运用到料理之中，打破惯性，惊艳味蕾，挑战锅中物的冲突与平衡，让下厨不再只是为填饱肚子，更是一种冒险，去探访未知的感官体验。

PAN-FRIED SEABASS WITH PESTO SAUCE AND PEAR SALAD

香煎鲈鱼佐青酱与甜梨沙拉

烹饪器具

平底锅 1 支、料理机或均质机

材料

鲈鱼 240g

西洋梨（削皮切片状）1 颗

综合沙拉 60g

青酱：

- 罗勒（摘下叶片）20g
- 蒜头（拍碎去皮）2 瓣
- 帕玛森干酪（略切）10g
- 松子 8g（外加 5g 装饰用）

芒果醋 1 大匙

橄榄油 6 大匙

盐 适量

胡椒 适量

做法

1 鲈鱼切块，将其正、反面腌上盐和胡椒备用。

2 将〔青酱〕材料和 3 大匙橄榄油放入料理机打碎，并加盐和胡椒调味。

3 将芒果醋、2 大匙橄榄油、适量的盐和胡椒调匀成油醋汁。

4 取一平底锅，放入 1 大匙橄榄油加热，用中大火将鱼正、反面均煎至焦黄。

5 将沙拉叶和梨片混合，均匀淋上油醋汁后盛盘。

6 放上鱼片，撒上松子，佐以青酱食用。

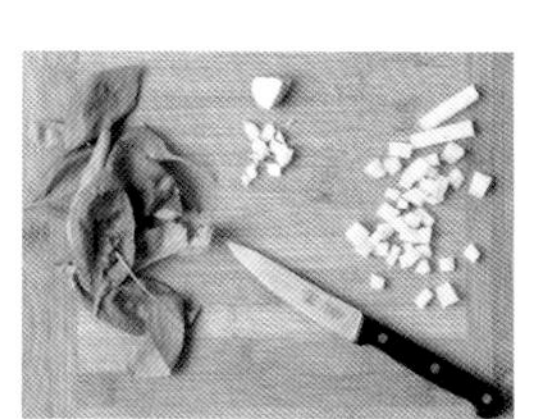

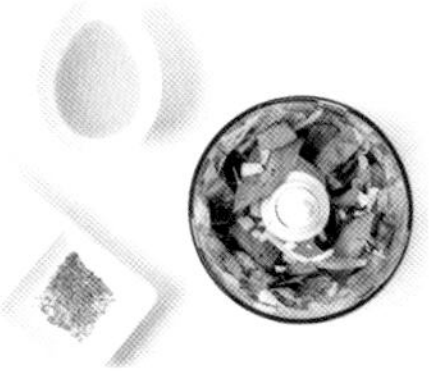

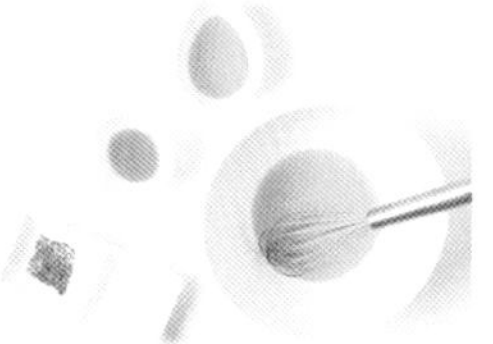

一般的香煎或清蒸就可以把平民级的鲈鱼变大菜，若能多学两招西式做法，你就有资格称霸武林了。这道焦香的鲈鱼菲力配上香甜的西洋梨，佐以芒果醋提味的沙拉和可口的青酱，清爽美味且做法容易，你一定要下厨尝试喔！

SPICY SHRIMPS WITH GARLIC AND HERBS

香料蒜虾

烹饪器具

平底锅 1 支

材料

草虾（背部切开）8 尾
盐 适量
胡椒 适量
面粉 适量
蒜头（切碎）2 瓣
节瓜（切块）180g
红甜椒（去籽切块）220g
迷迭香（摘下叶片切碎）3g
百里香（摘下叶片切碎）3g
黄柠檬（汁）1 个
罗勒（装饰用）3 支
橄榄油 3 大匙
盐 适量
胡椒 适量

做法

1 草虾腌上盐和胡椒，并沾上薄薄的一层面粉备用。
2 取一平底锅，放入 2 大匙橄榄油加热，以大火煎虾和蒜头，略炒约 1 分钟取出备用。
3 同锅放入 1 大匙橄榄油加热，放入节瓜、红甜椒、迷迭香、百里香和水，用大火拌炒后加盖小火煮 2 分钟。
4 把虾回锅大火拌炒后淋上黄柠檬汁。
5 盛盘后以罗勒叶片装饰即可。

新鲜草虾以蒜头快炒，保留弹牙口感，再搭配爽脆的节瓜与甜椒，简简单单成就一道鲜甜爽口的美味佳肴，而且还提供我们丰富的纤维质和营养素。这道料理不到20分钟就能完成，简单到你还能顺便烤个苹果塔解解馋呢！

TRUFFLE RAVIOLI CHICKEN SOUP WITH TIGER PRAWN AND GREEN PEAS

虎虾青豆仁松露鸡汤饺

烹饪器具

酱汁锅 2 支

材料

虎虾（沿着虾背切开）2 大只
姜（切片）3 片
鸡高汤 200ml
白酒 50ml
烹调用淡奶油 60ml
洋葱（切大片）80g
青豆仁粒 30g
意大利松露饺 数个
柠檬橄榄油 半大匙
无盐黄油 10g
盐 适量
胡椒 适量

做法

1 取一小半汤锅的水加热，放入少许盐，依序汆烫或煮熟青豆仁（切勿过度，取出后立刻冲冷水备用）、意大利饺、洋葱，然后取出保温备用。
2 将鸡高汤、白酒与姜片加热煮滚，放入虎虾煮约半分钟（视大小而定），取出后剥壳切块。
3 将汤汁过滤后熬煮浓缩至一半的量，再加入淡奶油，继续浓缩至稠，起锅前加入无盐黄油、盐和胡椒调味即成酱汁。
4 将虎虾、面饺、青豆仁、洋葱放入盘中，淋上酱汁和些许柠檬橄榄油，并装饰即完成（食用前可再撒些香料盐，风味更好）。

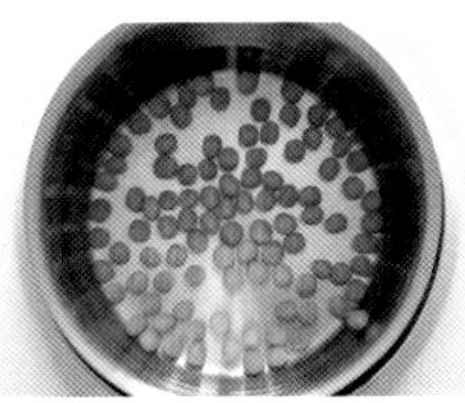

谁说高级料理非得使用昂贵食材不可？食物美味的最高指导原则：新鲜的食材、创意巧思、百炼的工法和美学的素养，而食材只是其中一环，但问新鲜而已。就在今天，跟着我一起试试这道高级却亲民的春天料理，让自己变身星级大厨吧！Cheers！

BEEF FILET WITH BRANDY,
GREEN PEPPERCORN AND CHOCOLATE SAUCE

菲力牛排佐干邑绿胡椒黑巧克力酱汁

烹饪器具

烤箱、平底锅 1 支、 酱汁锅 1 支

材料

菲力牛排 300g
干邑白兰地 30ml
牛高汤 100ml
烹调用淡奶油 2 大匙
黑巧克力（切碎） 20g
盐水渍绿胡椒粒 1 大匙
橄榄油 半大匙
无盐黄油 10g
盐 适量
胡椒 适量

做法

1 烤箱以 200℃预热至少 10 分钟。
2 菲力牛排用麻绳捆好或牙签塑成圆形，正、反面腌上盐和胡椒，静置 10 分钟备用。
3 取一酱汁锅，倒入干邑白兰地，以中火煮滚后浓缩到一半的量，续加入牛高汤，大火煮滚后以小火煮 3 分钟。
4 加入淡奶油、巧克力和盐水渍绿胡椒粒，以中大火煮滚，再以小火煮 5 分钟（至浓稠状），起锅前加入黄油搅拌均匀，最后加入盐和胡椒调味，即成酱汁。
5 取一平底锅加热，放入牛排，以中大火煎至金黄色，然后翻面续煎（周边亦然，生熟度依个人喜好，亦可放入烤箱），盛盘后淋上酱汁再加以装饰即可。

浪漫之王巧克力不只是甜点，用来做料理也是一绝。巧克力一入菜，无限风情霎时袭来，与干邑搭配更是经典，料理风味立刻升级。建议你可以佐配第42页的法式焗烤苹果马铃薯一起享用，速配指数满分。

BAKED STEAK WITH RED WINE AND RED ONION SAUCE

香烤牛排佐红酒洋葱酱汁

烹饪器具

平底锅 2 把、烤箱

材料

肋眼牛排（切成 2 块）300g

红葱头（切碎）1 瓣

洋葱（切丝）140g

红酒 200ml

牛高汤 80ml

糖 2 大匙

无盐黄油 20g

橄榄油 3 大匙

盐 适量

胡椒 适量

做法

1 烤箱以 200℃预热至少 10 分钟，牛排正、反面腌上盐和胡椒。

2 取一平底锅，放入 2 大匙橄榄油加热，用小火炒红葱头和洋葱至焦香（把水分炒干）。

3 加入红酒，以大火浓缩 1 分钟，让酒精挥发，接着加入牛高汤和糖，以中火煮滚。

4 再以小火浓缩约 6 分钟至稠状，拌入黄油，并加入盐和胡椒调味，即成红酒洋葱酱汁。

5 取一平底锅，放入 1 大匙橄榄油加热，放入牛排，将正、反面各煎约半分钟至上色，再放入烤箱烤约 3 分钟（取出后以铝箔纸覆盖牛排静置 3 分钟，约五分熟）。

6 牛排盛盘，淋上红酒洋葱酱汁，并加以装饰即完成。

每逢喜庆、聚餐时，牛、羊肉料理总是大受欢迎，我想或许是因为所费不赀，或者在家料理不易吧！因此，我想试着多教大家一些不会太难的法式酱汁做法，方便各位朋友在家做大餐之用。这道料理中的红酒洋葱酱汁是经典的法式牛排酱，需带点焦糖甜味才行。其实它也很适合搭配煎、烤焦香的深海圆鳕，很奇妙吧？一种酱汁两样风情呢！

PAN-FRIED DUCK BREAST WITH SAGE AND TAPENADE SAUCE

鼠尾草煎鸭胸佐普罗旺斯黑橄榄酱

烹饪器具

烤箱、烤盅 1 个、平底锅 1 支、料理机或均质机

材料

鸭胸（鸭胸腌上盐和胡椒）2 片

鼠尾草 1 束

黑橄榄酱
- 黑橄榄（Black olive）65g
- 鳀鱼（Anchovy）15g
- 酸豆 15g
- 蒜头 2 瓣
- 橄榄油 3 大匙

综合沙拉叶 50g

油醋汁
- 橄榄油 3 大匙
- 巴萨米克酒醋 1 大匙
- 糖 1.5 大匙

橄榄油 1 大匙

盐 适量

胡椒 适量

做法

1 烤箱以 200℃预热至少 10 分钟。

2 将〔黑橄榄酱〕材料用料理机打碎，并以盐和胡椒调味。

3 将〔油醋汁〕材料调匀，加入盐和胡椒调味，再与综合沙拉叶拌合。

4 取一平底锅，放入 1 大匙橄榄油加热，放入鸭胸与鼠尾草，以中大火将正、反面煎至焦黄，放入烤箱烤 8 ~ 10 分钟。

5 取出 4 后，以铝箔纸（雾面朝向肉）盖住，静置 3 分钟后切片。

6 将烤好的鸭胸盛盘，佐以黑橄榄酱和沙拉一起食用。

堪称养禽专家的法国人，能把鸡、鸭、鹅养得肥嫩丰腴不说，还擅长把禽料理做得宛如艺术珍宝，着实让人佩服。这道充分展现肥鸭味鲜脂腴的料理，搭配普罗旺斯的黑橄榄酱（Tapenade），是经典的法国菜。其实，单吃鸭就够满足味蕾享受了，但我还要加上蕴含法国南方风味的黑橄榄酱，向我的恩师杰哈致敬，因为今年是与老师结缘满二十年的大日子，感谢您造就了今天的我。

PAN-FRIED PORK TENDERLOIN WITH PESTO SAUCE, SWEET POTATO AND MUSHROOMS

香煎猪菲力 佐油渍西红柿青酱与地瓜杏鲍菇

烹饪器具

平底锅 1 支、料理机或均质机、电锅

材料

猪小里脊（切成 2 份）240g

杏鲍菇（切片）2 个

地瓜（切丁）300g

A
- 罗勒（摘下叶片略切）20g
- 蒜头 2 瓣
- 柠檬（汁）半颗
- 帕玛森干酪（切块）10g
- 松子 8g

油渍风干西红柿（切条状）20g（预留 2 条装饰用）

橄榄油 5.5 大匙

盐 适量

胡椒 适量

柠檬丝 少许

做法

1 将烤箱以 180℃预热至少 10 分钟。

2 电锅外锅放半杯水，将地瓜蒸半熟。

3 用料理机将〔A〕和 3 大匙橄榄油混合打成青酱，并加盐和胡椒调味。

4 取一平底锅，放入 1.5 大匙橄榄油加热，将杏鲍菇煎至收汁上色。

5 续加入半大匙橄榄油，放入地瓜拌炒，并加入些许的盐和胡椒调味后取出备用。

6 同锅再加入半大匙橄榄油，用中火煎猪小里脊至焦黄，放入烤箱烤约 10 分钟。

7 取出后以铝箔纸（雾面朝向肉）盖住小里脊，静置 3 分钟后切片。

8 依序将地瓜和菇盛盘，放上猪小里脊，淋上青酱，用柠檬丝、油渍风干西红柿装饰即可。

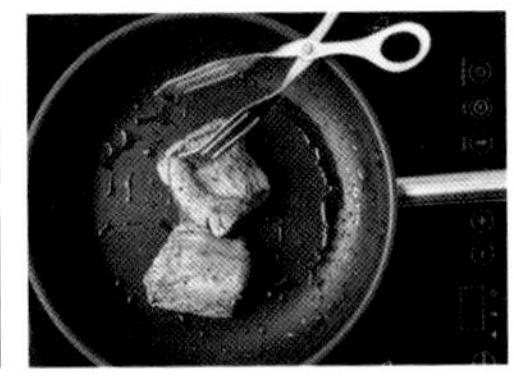

猪里脊的脂肪较少、热量低，香煎之后再烤，能紧紧锁住鲜美的肉汁，是高级猪肉料理的主要肉品之一。佐配滋味香浓迷人的百搭青酱、焦香脆口的杏鲍菇与香甜的红薯，让这道料理既营养均衡又风味十足，绝对能满足各位老饕的胃。

STEWED SAUSAGE MEATBALLS WITH MUSHROOMS AND SHERRY

雪莉酒炖煮蘑菇猪肉肠

烹饪器具

平底锅 1 支

材料

猪肉肠（去肠衣后捏成丸状）250g
蒜头（切碎）4 瓣
新鲜迷迭香（摘下叶片切碎）2 支
新鲜百里香（摘下叶片）3 支
蘑菇（切片）220g
雪莉酒（Sherry）100ml
欧芹（摘下叶片切碎）5 支
无盐黄油 1 块
橄榄油 4 大匙
盐 适量
胡椒 适量

做法

1 取一平底锅，放入 2 大匙橄榄油加热，放入蘑菇，用中大火快炒至焦黄。
2 再放入 2 大匙橄榄油加热，放入肉肠球，以中大火煎至焦香。
3 续加入蒜头、迷迭香、百里香，用中火均匀拌炒。
4 加入雪莉酒，大火煮沸后以小火加盖炖煮 5 分钟。
5 起锅前拌入无盐黄油、欧芹碎，并以盐和胡椒调味。

上餐厅吃饭时总会点杯雪莉酒当餐前酒的我家先生，对这道菜情有独钟。产自西班牙南部安达鲁西亚省的雪莉酒是西班牙的名酒之一，以白葡萄制作，待发酵完成后再以白兰地进行强化，最初的口感微干（dry），后韵甜美，带着独有且特殊的气味，也可以入菜或做成酱汁。这道肉丸子料理以雪莉酒入菜，不但提升香气，更提升了特有的风味与气质，是一款深受大家喜欢的西班牙料理。

STEWED SPICY LAMB WITH PRUNE AND COUSCOUS

焖炖辣味香料蜜枣炖羊肉

烹饪器具

平底锅 1 支、小汤锅 1 支、炖锅 1 支

材料

A
- 姜黄粉（Curcuma powder）1/4 小匙
- 小茴香粉（Cumin powder）1/4 小匙
- 肉桂粉（Cinnamon）1/2 大匙
- 番红花丝（Saffron filaments）少许
- 黑胡椒 5g

羊肉（肩或腰肉为佳，切块）300g
洋葱（切小丁）125g
姜（去皮切碎）15g
蜂蜜 3 大匙
香菜（整支）10 支
黑蜜枣（Dried prune）125g
牛高汤 25ml
北非小米 120g
鸡高汤（可酌量增减）100ml
面粉 1.5 大匙
橄榄油 5 大匙
盐 适量
胡椒 适量

做法

1 用盐和胡椒腌羊肉，并沾上薄面粉（拍掉多余粉末）。

2 取一平底锅，放入 3 大匙橄榄油加热，放入羊肉，煎至焦黄再放入洋葱丁、姜拌炒 2 分钟。

3 将 2 移入炖锅中，加入〔A〕拌匀后加入牛高汤煮滚，再加盖以小火炖煮约 40 分钟至软，然后取出保温。

4 放入黑蜜枣、蜂蜜，继续炖煮约 5 分钟至软。

5 将羊肉放回锅里续煮 3 分钟，以盐和胡椒做最后的调味。

6 另取一把小汤锅，放入北非小米、2 大匙橄榄油和鸡高汤煮滚，再加盖以小火煮熟后以盐和胡椒调味，离火备用。

7 将北非小米盛盘，放上炖羊肉，再以香菜装饰即可上桌。

深深怀念当年在巴黎里昂车站附近的那间北非餐厅，尤其是那些烤串和煮得香气喷发的羊肉上汤。把汤拌在一锅免费的北非小米里，真的可以连锅一起吞下肚，这是我对中东美食最美好的回忆。不论你是否尝过中东料理，都不妨下厨试试这道中东菜，希望你会和我一样爱上它。

STEWED CHICKEN WINGS WITH MUSHROOMS

香料野菇微炖煮白酒鸡翼

烹饪器具

平底锅 1 支

材料

鸡翅两节 8 只
蒜头（切片）28g
新鲜百里香 3 支
月桂叶 2 片
鲍鱼菇（柳松菇更佳，切片）60g
香菇（切片）60g
白酒 80ml
鸡高汤 80ml
面粉 2 大匙
橄榄油 5 大匙
盐 适量
胡椒 适量

做法

1 用盐和胡椒腌鸡翅，再沾上一层薄薄的面粉（拍掉多余的粉末）。
2 取一平底锅，放入 4 大匙橄榄油加热，再放入鸡翅，用中火煎 10 分钟，期间须不时翻面，直至焦黄。
3 放入百里香和月桂叶拌炒。
4 加入白酒和鸡高汤煮滚，再加盖以小火炖熟，然后将鸡翅取出备用。
5 同锅加入 1 大匙橄榄油加热，放入蒜头和菇类，以中火拌炒至焦黄。
6 将鸡翅回锅拌炒收汁，以盐和胡椒做最后的调味。
7 盛盘前，先把百里香枝取出，再加以装饰即可。

许多中国人爱啃鸡翅，其实西班牙人也爱这一味！这道简单又喷香入味的菜肴，便是得自西班牙朋友传授的地方料理。鸡翅经过白酒、蒜头和月桂叶等香料的炖煮与提味，吃来骨酥、味浓、酒气香，跟中式卤鸡翅有得比拼。原来热情的拉丁料理和我们这么近，那就没理由不下厨一试啰！

POULET RÔTI

法国老奶奶厨房里的香料烤鸡

烹饪器具

烤箱、烤盅 1 个

材料

法国春鸡 2 只

腌料：
- 酸奶 200g
- 蒜头（切碎）20g
- 红葱头（切碎）10g
- 欧芹、鼠尾草、茵陈蒿（全部切碎）共 8g
- 柠檬或黄柠檬（汁）1 颗
- 香料海盐 适量
- 胡椒 适量

做法

1 烤箱以 180℃预热至少 10 分钟，并将腌料全部混合拌匀。

2 将腌料均匀涂抹在春鸡腹腔与鸡身上，腌制至少 30 分钟（可于前一晚腌制，会更入味）。

3 放入烤箱烤约 50 分钟至熟（可以用刀子插入，若无血水流出即是熟了。中途若已呈焦黄色，请以铝箔纸覆盖隔离，避免烤焦）。

4 烤鸡取出后用铝箔纸包覆（雾面朝向食物），静置 5 分钟再切食。

烤鸡对法国人来说是家常便饭，每个婆婆、妈妈都有自己的独门心法，甚至代代相传成为延续家族味道的传家菜谱，只要信手拈来的食材加上简单的做法，滋味却各领风骚。当年在师母和马索妈妈家的厨房里学会了好多烤鸡做法，是我宝贵又难得的人生经验，希望在天上的马索妈妈乐见我今天的成长和分享。

BOEUF BOURGUIGNON

勃艮第红酒炖牛肉

烹饪器具

大炖锅 1 支、平底锅 1 支

材料

A

- 牛肩肉或牛腱（切块）500g
- 洋葱（切块）125g
- 西芹（切块）50g
- 青蒜（切片）50g
- 胡萝卜（切块）120g
- 百里香 1 株
- 月桂叶 2 片
- 红酒 350ml
- 红酒醋 80ml（重点在这里）

- 蒜头（切碎）4 大颗
- 红葱头（切碎）20g
- 培根（切条）50g
- 面粉 2 大匙
- 欧芹（摘下叶片切末）3 株
- 牛高汤 300ml
- 盐 适量
- 胡椒 适量

做法

1 将〔A〕与 2 颗拍碎的蒜头、红葱头、少许盐和胡椒混合，放入冰箱冷藏腌制一天。

2 取出 1，过滤汤汁后将牛肉与蔬菜分开，把牛肉沥干。

3 牛肉用盐和胡椒略腌，再拍上一层薄面粉，入平底锅煎到焦黄后取出放入炖锅中。

4 在平底锅中放入 3 大匙的橄榄油加热，放入蒜头、培根、百里香和月桂叶炒到焦黄，再加入 2 的蔬菜炒软后倒入 3 中。

5 加入牛高汤和腌料汁后开始炖煮至肉烂，加盐和胡椒调味（也可直接放入烤箱，以 180℃烤约 1.5 小时，至肉烂为止）。

6 盛盘后，加入欧芹末装饰即可。

红酒炖牛肉是来自法国知名酒区勃艮第的经典名菜。顾名思义，加入大量的红酒是这道菜的关键和美味来源，而我在这里分享给大家的正是正统的做法，可不是加入了西红柿和番茄酱的台版口味。喜欢红酒炖牛肉的朋友不妨在家照着做，体验正宗的勃艮第风情。

上法国餐厅点菜不卡关

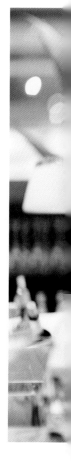

法国料理犹如艺术品，从繁复如工艺般的烹调技法、佐餐的销魂酱汁到无限撩人的美味葡萄酒，都教人难以抗拒，想不倾倒在这餐饮文化大国的石榴裙下，也难。

旅行巴黎，必然要挑选几家餐厅大享美食与美酒，但法国餐厅的菜单多半冗长且多无图片，如果不懂法语，对着犹如天书般的菜单，根本不知从何点起。当然你可以说英语，近十年来，巴黎餐厅已逐渐摆脱不爱说英语的刻板印象，但你若对法国料理没有一点基本认识，点起菜来还是会倍感压力。为了一解大家点餐的窘境，现在就跟着我一起来学学如何看法国菜单，增进一些点餐常识吧！

认识法国菜单的种类

法国菜单因餐厅的定位和类型而有所不同，基本上分成 Le menu、Le carte、Table d' hôte、Menu de saison 等。

1. Le menu：

通常为一般餐馆所使用的菜单，餐点选择较为固定，变化也不多。主要包含前菜、主菜和甜点，也就是最常见的三道菜套餐，价位也不太高。

2. Le carte：

多为正式餐厅里常见的菜单，即单点之意。可挑选个人喜爱的沙拉（Salade）、汤（Soupe / Consommé）、主菜（Plat）或甜点（Dessert）。一般印象中，吃法国料理都是用餐者各自享用自己点的菜，但现在法国人也颇能接受分食共享喔！

3. Table d' hôte：

如英文的 Set menu，就是套餐之意。挑选主菜后可再加价选择不同的附餐，比如加汤、沙拉、甜点或饮料等不同组合。

4. Menu de saison：

多在高级餐厅里才会提供，是当季限定的季节菜单，价格相对也会高一些。

法国菜的用餐顺序

把吃饭当成一件大事，甚至是一件美丽的事来对待，应该只有法国人办得到。因此若能在对饮食如此郑重其事的国家来一顿正式的美食飨宴，可说是一种难得的享受和人生经验。

吃一顿正式的法国料理往往需要三四个小时（我还曾吃过八小时的呢！），而且用餐程序十分讲究，并不只是因为法国人特别龟毛，而是因为那是品位的象征，反映出餐盘里如诗画般的起、承、转、合，因着它的起伏更迭、它的韵律美感，成了人们向往的高尚饮食生活和文化代表。接下来，就为大家介绍一下正式法国料理的用餐程序：

1. 餐前酒（Apéritif）：

一般餐厅都会提供餐前酒作为用餐的开始，只有在高级餐厅里才会提供单杯的香槟（Champagne），否则多为气泡酒类

把吃饭当成一件大事，
甚至是一件美丽的事来对待，
应该只有法国人办得到。

（Vin Mousseux）。常见的开胃酒有我家先生偏好的雪莉酒（Sherry）、我喜欢的经典黑醋栗香槟（Kir Royal）和只有法国人才喝得下去的茴香酒（Pastis）等，当然也可以是一般的白酒。

2. 餐前小点（Amuse-bouche）：

有取悦口腔之意，为开胃的小点心。分量和造型小巧而精致，通常不会列在菜单上，完全看主厨的心情，由主厨自行发挥创意。

3. 开胃菜（Entrée）：

开胃菜总是有无限的创意和选择，也许是沙拉、汤、焗烤点心或生食，而且一点都不马虎，是评鉴一间餐厅好坏、是否用心的一大指标。大名鼎鼎的勃艮第田螺（Escargots de bourgogne）和鹅肝酱（Foie gras）都是法国传统开胃菜的代表。

4. 汤品（Soupe）：

可分为一般浓汤（Soupe）或各式肉骨清汤（Consommé），如牛肉清汤（Consommé de boeuf）都很知名。

5. 主菜（Plat principal）：

一般餐厅提供各式肉类、海鲜类甚或野味料理的主菜，它也关系着佐餐酒的搭配（享用法国美食哪有不喝酒的道理呢？）。传统的法国主菜有勃艮第红酒炖牛肉（Boeuf Bourguignon）、红酒炖鸡（Coq au Vin）等。

6. 甜点（Dessert）：

从反烤苹果塔（Tarte tatin）、法式焦糖布丁（Crème brûlée）到红酒炖甜梨（Poires au vin rouge）等，都是让人爱不释手的经典选择。

7. 奶酪盘（Fromage frais）：

享用完前面一系列的法式美食之后，若是独漏一盘综合奶酪，那可就美中不足了，所以有机会吃法国菜，即使平常不特别喜爱奶酪，也一定要尝尝（这也是可以继续开酒的好理由，哈）。若你问我喜欢哪一味，我的最爱推荐是不同熟成时间的 Comté 奶酪盘。

8. 咖啡（Café）：

最常听到的就是咖啡欧蕾（Café au lait）或拿铁（Café au latte），但我们只爱黑咖啡（Un café Allonge）。

9. 餐后酒（Digestif）：

大多是白兰地（Cognac）、威士忌（Whisky）或一些加味利口酒等（Liqueur）。

好了！准备到巴黎来趟美食之旅了吗？有了这些基本常识后，相信你在法国享受美食时会更优游自得。先干一杯吧（Tchin-tchin），并祝你胃口大开啰（Bon appétit）！

CHAPTER 6 甜点

甜点是奖励，是安慰，是赞赏，
是生活中不可或缺的疗愈圣品，
无怪乎人人都说：
吃得再饱，甜点总有另一个胃来装。

野莓黑醋栗浆佐罗勒淡奶油与黑樱桃冰沙
Black cherry compote, basil chantilly and amarena sorbet
餐厅……ANONA 主厨……Thibaut Spiwack

PHOEBE INTERPRETS MONET'S GARDEN

菲比的莫奈花园

烹饪器具

烤箱、6 寸烤模、电动打蛋器、刨丝器、榨汁器

材料

蛋白霜饼
- 蛋白 100g
- 糖 130g
- 柠檬（汁与皮末）1 颗

君度橙酒戚风蛋糕
- 蛋黄 100g（约 3 颗）
- 糖 10g
- 橄榄油 20ml
- 牛奶 15ml
- 低筋面粉 55g

君度橙酒 30ml

糖渍橙皮（切丁）30g

蛋糕体的蛋白霜
- 蛋白 3 颗
- 糖 40g

装饰用的打发淡奶油
- 烘焙用淡奶油 160ml
- 糖 30g
- 黄柠檬（皮末）1 颗

综合莓果和食用花 适量

做法

1 烤模涂上一层薄薄的奶油，再撒上面粉，把多余的粉倒掉。

2 制作〔蛋白霜饼〕：

（1）烤箱以 160℃预热 10 分钟，把烤盘纸铺在烤盘上。

（2）蛋白先以中速打发到大气泡状，再把糖分四次加入搅打，再加入柠檬汁与皮末，以高速完全打发至尾端坚挺不掉落。

（3）把蛋白霜装入挤花袋中，挤出喜欢的造型，置入烤箱烘烤 1.5 小时（每 25 分钟打开烤箱散发湿气，会更漂亮）。

3 制作〔君度橙酒戚风蛋糕〕蛋糕体的面糊：将蛋黄打散，依序加入糖、橄榄油、牛奶和低筋面粉搅拌均匀。

4 制作〔蛋糕体的蛋白霜〕：将蛋白打发到六分发后加入糖，继续打到坚挺光滑。

5 先把 1/3 的蛋白霜加入蛋糕体面糊中拌匀，再将剩余的部分拌入（必须由下往上，以切拌的方式操作，避免过度搅拌，须保留空气的体积）。

6 烤箱以 160℃预热至少 10 分钟，再将 5 放入烤箱烤 30 分钟左右（可以筷子插入蛋糕中心测试，若无沾黏即可取出），取出后倒扣放冷即可脱模。

7 制作〔装饰用的打发淡奶油〕：先将糖和黄柠檬皮末混合，放置至少半小时做成柠檬糖。再将淡奶油、柠檬糖和黄柠檬皮末打发到坚挺光滑（若天气太热，可在盆底加入一盆冰块水，有助打发的效果）。

8 把烤好的蛋糕体横切成两片，在其中一片蛋糕体抹上 7 的淡奶油，再放上 2 的蛋白霜饼，然后盖上另一片蛋糕体。

9 用其余的 7 平均涂满蛋糕体。

10 装饰上莓果和食用花等即可上桌啰！

当年在普罗旺斯学习时，师母为我做了这款莓果蛋糕，至今难忘。去年看到老同学Esther的巴黎莫奈花园一游，让我想起了这款蛋糕，将其装点得缤纷多彩后成了菲比的莫奈花园。这款以戚风蛋糕为底、君度橙酒为辅的裸蛋糕是我喜欢的甜点之一，就用这款蛋糕作为复活节的礼赞，歌颂春天的来临吧！

JOGHURT ICE CREAM WITH STRAWBERRY, BASIL AND ELDERFLOWER CORDIAL

接骨木罗勒花浆草莓佐优格冰淇淋

烹饪器具

酱汁锅 1 支、硅胶烤垫 1 张

材料

草莓（切片）120g

原味优格冰淇淋 适量

柠檬（皮末）半颗

接骨木花浆：

水 300ml

接骨木花 150g

糖 200g

柠檬汁 少许

杏仁罗勒焦糖片：

杏仁（打碎）15g

罗勒叶（切碎）6 片

糖 30g

海盐 少许

做法

1 制作〔接骨木花浆〕：把接骨木花（连着细枝无妨）、糖、柠檬汁和水放进大锅里加热煮沸，再以小火熬煮 20 分钟，熄火放冷，浸泡数天（糖溶液会吸收接骨木花的香气成为花浆），然后装进高温消毒过的容器中保存。

2 制作〔杏仁罗勒焦糖片〕：

（1）将糖放入小锅中，以小火慢慢加热至焦糖色（绝对不可搅拌，只能摇晃或滚动锅子）。

（2）一旦糖色变黄，即刻平均放入杏仁粒、罗勒叶和少许海盐稍微拌匀。

（3）立刻倒在硅胶烤垫上放冷，再剥成喜欢的造型使用。

3 将草莓片排入盘中，淋上适量接骨木花浆（需过滤只剩花浆），洒上柠檬皮末，依序放上杏仁罗勒焦糖片、罗勒叶和优格冰淇淋即可。

每当婆婆园子里的接骨木花盛开，就知道春天来了！婆婆总在花落前摘采，熬制成花浆，作为甜点淋汁或制成饮品。这款甜品运用了婆婆的爱心花浆，搭配杏仁坚果、花朵和罗勒香料等，形成一种特殊的组合，微酸微甜，爽口不腻，而且低糖，大家非得找时间试试看啰！

BASIL ICE CREAM WITH LIME AND RASPBERRIES

缤纷黄柠檬树莓佐罗勒冰淇淋

烹饪器具

不锈钢盆、电动打蛋器、刨皮器、酱汁锅、硅胶烤垫 1 张、料理机、橡皮刮刀

材料

树莓果泥
- 树莓 100g
- 糖 50g
- 柠檬汁 1/3 颗

树莓果粒
- 树莓 100g
- 柠檬油 1 大匙
- 精致橄榄油 2 大匙
- 海盐 少许

黄柠檬奶泡
- 打发用淡奶油 100ml
- 糖 15g
- 黄柠檬（皮末）1 颗

焦糖片
- 糖 30g

罗勒冰淇淋

（亦可用香草或任何喜爱的冰淇淋取代）1 球

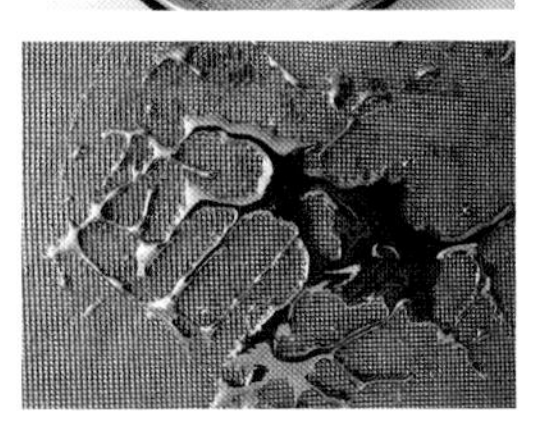

做法

1 将 60g 树莓剖半，其余打碎备用。

2 制作〔树莓果泥〕：取一酱汁锅，加入 1 和糖，以小火加盖煮 15 分钟，起锅前加入柠檬汁拌匀，待其冷却。

3 制作〔黄柠檬奶泡〕：将黄柠檬皮末加入淡奶油中打发到六分，再加入糖继续打到坚挺光滑（若天气太热，可在盆底加一盆冰块水，有助打发的效果）。

4 制作〔树莓果粒〕：将所有材料全部混匀（用橡皮刮刀处理，小心不要弄破果粒）。

5 制作〔焦糖片〕：将糖放入小锅中，以小火慢慢加热至焦糖色（千万不可搅拌，只能摇晃或滚动锅子）。一旦呈现焦糖色，立刻倒在硅胶烤垫上，双手拉起硅胶烤垫上下左右滚动，让糖浆任意流动，放冷后剥成喜欢的造型使用。

6 先在盘中放上黄柠檬奶泡，再将树莓泥置于黄柠檬奶泡旁（避免覆盖在奶泡上），然后依序放上树莓果粒、冰淇淋，最后放上焦糖片装饰即可。

盘式甜点的特色在于立体美感和口感变化，必须掌握好丰富性、层次感和华丽感，才能成就一道出色的盘式甜点。这道盘式甜点大胆运用了橄榄油和罗勒，创造出别出心裁的风味。好奇它的滋味吗？做法不会太难，赶紧一试吧！

APRICOT WITH HONEY, ROSEMARY AND TONKA BEANS CREAM AND CRUMBLE

蜂蜜迷迭香杏桃
与东加豆奶霜和榛果奶酥

烹饪器具

烤箱、烤盅 1 个、电动打蛋器、酱汁锅 1 支、平底锅 1 支

材料

蜂蜜迷迭香杏桃

- 蜂蜜 50g
- 糖 30g
- 杏桃（剖半去籽）6 个
- 迷迭香（摘下叶片）1 支
- 胡椒粒 10 颗

榛果奶酥

- 中筋面粉 35g
- 无盐黄油（室温放软）35g
- 榛果粉 35g
- 糖 35g

东加豆奶霜

- 马士卡朋奶酪 125g
- 烘焙用淡奶油 30g
- 东加豆（Tonka bean，磨成粉状）2 粒
- 糖 40g

松子 15 颗

做法

1 烤箱以 200℃预热。

2 将〔蜂蜜迷迭香杏桃〕的材料全部放入锅中煮滚，再以小火炖煮 15 分钟，然后放冷备用。

3 将〔榛果奶酥〕的材料放入一个大盆中，用手捏将其混合（会有沙沙的手感），然后平均铺在烤盘上，放入烤箱烤 20 分钟左右，至面酥香脆、焦黄上色（期间可打开烤箱用木匙将面酥翻动，以求上色均匀），再取出放冷备用。

4 将〔东加豆奶霜〕所有的材料放入盆中，用电动打蛋器打至坚挺。

5 取一平底锅加热，将松子以小火烘烤 1 分钟后放冷备用。

6 把东加豆奶霜做成橄榄形状盛盘，放上蜂蜜迷迭香杏桃、榛果奶酥、松子和迷迭香装饰即可。

这款以杏桃为基底的甜点，佐以香浓榛果奶酥，还搭配了我最爱的东加豆和迷迭香，集合这么多气味强烈的食材，却能融合出和谐又清爽的味道，真是美好又惊喜。在充满浓浓榛果奶酥香气的空间里炖煮杏桃，是我们家今春最香甜的回忆……

BAKED BERRIES CRUMBLE

烤莓果奶酥

烹饪器具

烤箱、烤盅 1 个、酱汁锅 1 支

材料

综合红莓果 350g

甜橙（先刨皮末后榨汁）1 个

A
- 中筋面粉 100g
- 无盐黄油（室温放软）100g
- 二号砂糖 50g

做法

1 烤箱以 200℃预热至少 10 分钟。

2 将〔A〕放入一个大盆中，用手捏将其混合（会有沙沙状的手感）。

3 剥成碎状平均铺在烤盘上，放入烤箱烤 15 分钟左右，至面酥香脆、焦黄上色（期间可打开烤箱用木匙翻动面酥，以求上色均匀）。

4 取一酱汁锅，放入莓果和甜橙汁与皮末加热，小火煮 5 分钟后取出放冷。

5 将 4 莓浆果填入小烤盅内，铺上 3 奶酥，食用时可以佐配香草冰淇淋或打发淡奶油。

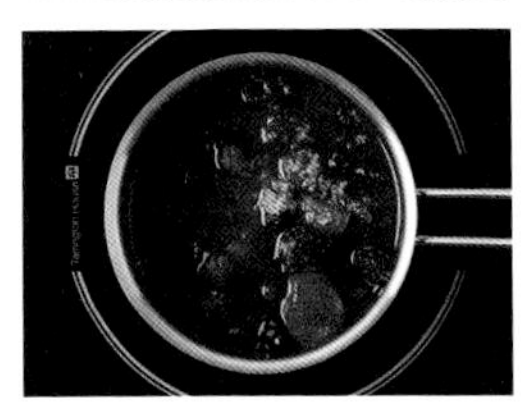

爱吃莓果的我，除了将其作为水果食用外，更常拿来做甜点，既能满足梦幻的少女心，更能摄取多种营养素，像是能够抗氧化的花青素，还有植化素、维生素C和矿物质等，具有预防心血管疾病和糖尿病的功能，爱美的女生们应该时时补充。我在这款点心上还加了充满浓郁奶香的香脆奶酥（这也是我的最爱），是犒赏一天辛劳最好的疗愈点心。

PINEAPPLE WITH RUM AND SPICES

朗姆酒香料凤梨

烹饪器具

平底锅 1 支

材料

凤梨（切小丁）200g

糖 60g

八角（可剥开）1 个

肉桂棒或粉 1 支或 1 小匙

朗姆酒（Rum）30ml

水 50ml

无盐黄油 20g

打发淡奶油或香草冰淇淋 随个人喜好

做法

1 在平底锅中放入奶油加热，以小火炒凤梨 2 分钟。

2 再依序加入其他材料煮滚，加盖，以小火熬煮 20 分钟煮软，再开盖浓缩至稠状。

3 放冷后盛入盘中，再加入 1 大匙打发淡奶油或香草冰淇淋即可。

尝一口朗姆酒香料凤梨，仿佛置身夏威夷海滩，来一杯Mai Tai般的慵懒惬意。以消暑圣品甘蔗为原料制造的朗姆酒，适用于许多甜点或调酒中，像我最喜欢的朗姆葡萄冰淇淋，便是用朗姆酒浸泡过的白葡萄干制作，滋味格外香甜多汁。而这道用几款香料和朗姆酒一起炖煮的凤梨，充满了热带微醺的浪漫，气味多层次又风情万种。建议你可以多做些放在冷冻库储存，嘴馋时随时可以吃，方便极了。

BAKED PEACH WITH RICOTTA CHEESE

黄柠檬奶酪镶填水蜜桃

烹饪器具

烤箱、平底锅 1 支、硅胶烤垫 1 张

材料

水蜜桃（较熟为佳，剖半去核）2 颗

黄柠檬（刨取皮末后榨汁）半颗

薄荷叶 10 片

糖 120g

开心果（切碎）15g

瑞可塔奶酪（Ricotta cheese）250g

做法

1 以 160℃预热烤箱至少 10 分钟。水蜜桃剖半、去核后放入烤箱烤 15 分钟。

2 将 50g 的糖放入平底锅，以中火加热融化，待变色后快速拌入开心果（请确认每粒果实平均裹上焦糖浆），再立即趁热倒在硅胶烤垫上，放冷后剥碎备用。

3 将瑞可塔奶酪（Ricotta cheese）加入黄柠檬汁和皮末，与剩下的 70g 糖混合融化，最后拌入薄荷叶碎即为酱汁。

4 将水蜜桃盛盘，淋上 3，再撒上开心果和薄荷叶装饰。

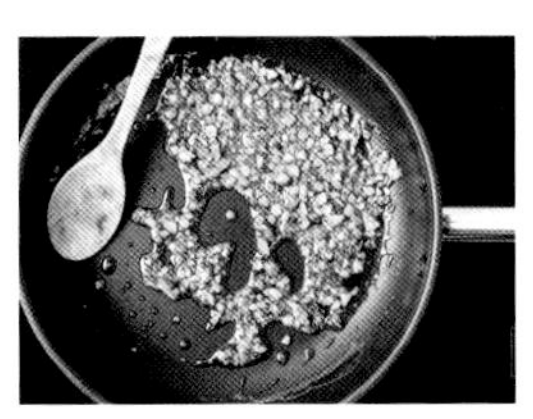

经过加热后的水蜜桃更加甜蜜多汁，而瑞可塔黄柠檬酱汁虽然浓郁，但滋味清新、热量低，当它俩相遇就成了最棒的邂逅，是你享受轻甜食的好选择。

SAFFRON AND PASSION FRUIT CHEESE TART

番红花百香果奶酪塔

烹饪器具

烤箱、8cm 塔模 6 个、擀面棍、电动打蛋器

材料

塔皮
- 中筋面粉 115g
- 杏仁粉 15g
- 无盐黄油（切小块，室温软化）55g
- 糖粉 45g
- 全蛋（打散）25g
- 盐 1g

内馅
- 蛋黄 2 颗
- 马斯卡彭奶酪 250g
- 烘焙用淡奶油 50ml
- 番红花粉 2g
- 糖 20g

装饰用的打发淡奶油
- 烘焙用淡奶油 50ml
- 糖 10g
- 柳橙（皮末）半颗

新鲜百香果
（挖出果肉，除掉粗纤维）1 ~ 2 颗
糖 10g

这款创意版的法国甜塔，一直深获私宅餐会国际访客们的喜爱。塔皮香酥脆口，内馅的番红花让人眼睛一亮，加上百香果的酸甜果味，是味蕾新奇巧妙的鲜体验，尤其是不甜不腻的清新感，更让人爱不释手（用点时间把塔皮做好，内馅就简单多了，耐心做完这道甜点，相信你会从大家的赞许声中获得许多成就感喔）。

做法

1 制作〔塔皮〕：

（1）烤箱以 180℃预热至少 10 分钟。

（2）粉类混合过筛。

（3）奶油与粉用手揉搓混合均匀后中间挖出一个凹槽。

（4）放入蛋液和糖，由内到外慢慢与面粉混合成面团。

（5）再略微整型，揉捏至光滑状（切勿过度，以免出筋），用保鲜膜包覆，放入冰箱冷藏至少半小时。

（6）在塔模内涂上一层薄薄的黄油，再撒上面粉（利于脱模。须把多余的粉末倒掉）。

（7）将塔皮面团分成 6 份，擀成圆形薄片，铺在塔模内（须贴紧），再用擀面棍压掉多余的面皮。

（8）用叉子在塔皮底部戳洞后静置 15 分钟。

（9）放入烤箱烤 15 分钟左右，取出放冷脱模备用。

2 制作〔内馅〕：

（1）将蛋黄打散，放入马斯卡彭奶酪和糖继续打匀。

（2）加入淡奶油和番红花，不停地搅打至浓稠奶油状，即成内馅。

3 制作〔装饰用的打发淡奶油〕：将淡奶油、糖和柳橙皮末打发到坚挺光滑（若天气太热，可在盆底加入一盆冰块水，有助打发的效果）。

4 组合：将内馅填入塔皮内整平（亦可使用挤花袋填入再抹平），挤上淡奶油花，再淋上百香果肉（或将果肉淋在塔上再挤上淡奶油花）即完成。

VANILLA ICE CREAM WITH MANGO AND MINT SALSA

香草冰淇淋佐芒果薄荷沙沙

烹饪器具

刨丝器、榨汁器

材料

香草冰淇淋 2 球

芒果（切丁）100g

柠檬（汁和皮末）半颗

薄荷叶（摘下叶片切丝）10 片

糖 60g

小干辣椒（切碎）半支

做法

1 将芒果丁、薄荷叶、小干辣椒、柠檬汁和皮末与糖混合成沙沙酱。

2 将香草冰淇淋盛入盘中，淋上沙沙酱再加以装饰即可 。

芒果的种类多、香气足、又甜又大！利用在地水果做出散发金黄光芒的法式甜点，不但准备容易、操作简单，而且深获宾客好评。芒果不只酸甜可口，其丰富的维生素A与纤维更是维持皮肤和眼睛健康的好帮手。

PEARS WITH SAFFRON AND VANILLA ICE CREAM

番红花风味甜梨佐香草冰淇淋

烹饪器具

小汤锅 1 支

材料

西洋梨（去皮，去籽，剖半）1 颗

香草荚（剖半后将籽刮出）半支

糖 80g

白酒 150ml

柳橙（汁）1 颗

番红花或粉 适量

做法

1 取一小汤锅，放入所有材料煮滚，再以小火加盖煮软。

2 开盖，稍作浓缩至稠状。

3 放冷后冷藏，浸泡过夜，风味更佳。

4 将西洋梨盛盘，淋上酱汁，可佐配一球香草冰淇淋。

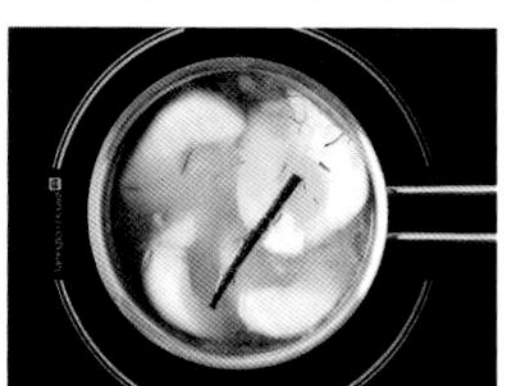

馨香清爽的西洋梨加了白酒炖煮后，味道变得高雅宜人。世上最珍贵的香料——番红花，把甜梨染成华丽的金黄色泽，如同尊贵无比的皇家料理。这道上菜后会让众人惊呼连连的甜点，不论宴客或独享都令人尽兴！可先做好冷藏，风味会再升级喔！

RED BERRIES, HONEY AND YOGHURT

红莓果蜂蜜优格冰杯

烹饪器具

刨皮器、玻璃杯

材料

综合红莓果（冷冻亦可）120g

甜橙（取皮末后榨汁）半颗

蜂蜜 70g

糖 20g

香草优格 350g

早餐用碎谷片（Muesli）30g

做法

1 将甜橙、红莓果、蜂蜜和糖混合均匀。

2 将优格与莓果层层交叉填入杯中，最后洒上碎谷片装饰即可。

生活如此忙碌，下厨谈何容易？更何况是为了做甜点而下厨，更是难上加难。鉴于此，我设计了几款容易做又风味正统的欧式“快手甜点”，以备大家发馋或宴客之需。当我需要减重时，优格是我的最佳选择，它可以取代沙拉的油醋或酱类，甜点瘾发作时也可以做成轻甜食解馋。优格里的益生菌对身体好处多多，能帮助调节肠道菌群生态，解决便秘困扰。这款优格还搭配了莓果和谷片冰杯，不仅能增加口感，还可强化营养素和抗氧化力，滋味丰富之外还能帮健康加分！

MANGO, NUTMEG AND YOGHURT

芒果豆蔻优格冰杯

烹饪器具

料理机、玻璃杯

材料

熟芒果（中，一半切块，一半打成泥）1 颗

糖 30g

原味优格或冰淇淋 200ml

肉豆蔻粉 1.5 小匙

黑胡椒（现磨）适量

做法

1 芒果泥加入糖和肉豆蔻粉拌匀，并使其融化。

2 将原味优格或冰淇淋与 1 交叉填入杯中。

3 最后放上芒果丁，再撒上些许肉豆蔻和现磨黑胡椒即可食用。

当源自于北印度和马来半岛的芒果，遇上印尼摩鲁卡的香料肉豆蔻，迸发出一种灼人且浓郁突出的芳香滋味。这款点心非常容易制作，风味独特又迷人，大家千万别错过。

EASY FRENCH APPLE TART

简速法式苹果塔

烹饪器具

烤箱、8 寸塔模 1 个、微波炉

材料

酥皮（市售）1 张

苹果泥（市售）350g

苹果（削皮后切薄片）2 个

无盐黄油（室温）5g

面粉 适量

香草冰淇淋 1 球

做法

1 烤箱以 200℃预热至少 10 分钟。黄油放入碗中，盖上保鲜膜，用微波炉加热融化。
2 在烤模上刷一层薄黄油，洒上面粉，铺上酥皮，并用叉子在塔底戳洞。
3 接着将苹果泥铺在塔内，并将苹果片做环状排列。
4 放入烤箱烤约 20 分钟呈焦黄色。
5 可佐配香草冰淇淋食用。

想要来个奖励自己的甜点吗？只要30分钟就可以完成这个心愿！内馅铺满如花朵般绽放的新鲜苹果片，疗愈效果绝佳。此外，苹果还有许多膳食纤维，以及多酚类化合物，能促进血液循环和心脏健康，让你吃甜点也可以吃得毫无罪恶感！

CRÊPES WITH SALTED CARAMEL AND THYME

布列塔尼可丽饼
佐百里香咸焦糖酱汁

烹饪器具

平底锅 1 支、酱汁锅 1 支

搅拌盆、滤网

材料

面糊

- 低筋面粉 50g
- 牛奶 80ml
- 蛋（小）1 颗
- 盐 少许
- 糖 40g
- 无盐黄油（融化）20g

咸焦糖百里香酱汁

- 糖 50g
- 烘焙用淡奶油 70ml
- 无盐黄油 5g
- 百里香（叶）2 株
- 盐之花 少许（约 1 克）

一般食用油 适量

冰淇淋 随个人喜好

做法

1 制作〔面糊〕：

（1）将面粉筛入搅拌盆，并在中间挖出一个凹槽。

（2）将蛋打散，把盐和糖放入凹槽中，利用离心原理将蛋、糖和盐慢慢与面粉混合。

（3）边慢慢地将牛奶以顺时钟方向加入，边搅拌均匀。

（4）加入融化后的黄油拌匀。

（5）最后用滤网过滤融化后的材料，盖上保鲜膜，放入冰箱冷藏静置至少半小时。

2 制作〔咸焦糖百里香酱汁〕：

（1）将糖放入酱汁锅中以小火慢慢加热（切忌搅拌，只能摇晃锅子使其均匀）。

（2）待酱汁呈焦黄色立刻离火。

（3）加入淡奶油、百里香、黄油和些许盐之花搅拌均匀即成酱汁。

3 取一个小平底锅刷上薄薄一层油加热，舀入一大匙面糊，并将面糊快速且均匀的散开，以小火煎至焦黄后迅速翻面再煎一下，即可取出放在网架上冷却。

4 将薄饼盛盘，淋上酱汁，佐搭冰淇淋即可。

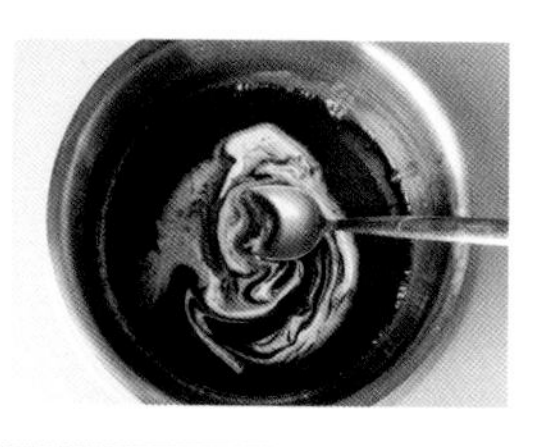

犹记得那段坐在布列塔尼碧海蓝天下狂啖生蚝和薄饼的日子，短短几日不知吃了多少不同口味的薄饼，五花八门，滋味万千，直到今日，只要想到那段光景，依旧感到幸福无比，因此每当想要吃甜食，脑海中最先闪过的就是做道简单的薄饼。今天发挥“酱汁女王”的功力，来道咸焦糖酱汁薄饼，最棒的是用了自种的有机百里香，风味独特，真是美味得没话说。不说了，再吃张薄饼去也。

CREME BRÛLÉE

薰衣草焦糖布丁

烹饪器具

烤箱、酱汁锅 1 支、细目滤网、布丁盅

材料

蛋黄 3 颗

糖 50g

烘焙用淡奶油 120ml

香草荚（剖开取籽）半支

有机薰衣草（可省略，亦可加入任何喜欢的口味）3g

黄砂糖 适量

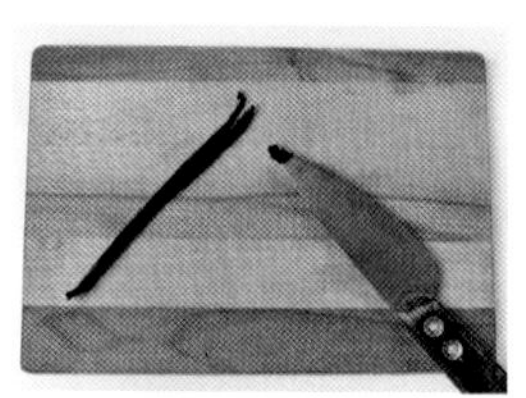

做法

1 烤盘里加入 100ml 的水，烤箱以 150℃预热至少 10 分钟。

2 将淡奶油、香草籽和薰衣草以小火加热到接近沸腾即离火冷却。

3 蛋黄打散后加入糖拌匀，再将淡奶油分两次加入 2 中（不要过度搅拌）。

4 用细目滤网将 3 过滤，再平均放入布丁盅里。

5 放入烤箱烤 30 ~ 40 分钟至布丁凝结。

6 取出冷却，再放入冰箱冷藏至少 1 小时。

7 食用前撒上黄砂糖，以喷火枪大火快烧至焦黄脆片状即可。

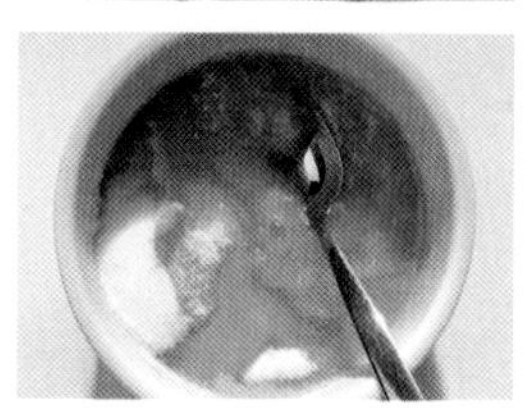

闻名遐迩的焦糖布丁是法国甜点的经典代表，坊间的做法很多，程序稍嫌繁复，但是我有一套能让焦糖布丁变得更简单、更美味的要诀，在这里分享给大家：

1. 采低温蒸烤法，能防止布丁干裂、丧失水分。

2. 淡奶油切勿煮沸，会造成油、奶分离，且要分次加入蛋黄，质地会更细致，并防止过热成了“蛋花”。

3. 奶汁过滤后口感会更好。

值得为辛劳付出的自己和亲爱的家人下厨。

跟着菲比，Step By Step，在家做法餐一点也不难！